Von der Fakultät auf Antrag des Herrn Prof. Dr. Asher zum Druck genehmigt.

Bern, den 21. November 1919.

Der Dekan:
Dr. O. Rubeli.

Meinen lieben Eltern
gewidmet

ISBN 978-3-662-24468-5   ISBN 978-3-662-26612-0 (eBook)
DOI 10.1007/978-3-662-26612-0

Einleitung.

Untersuchungen von Danoff[1]) im Aherschen Institut über den Einfluß der Milz auf den respiratorischen Stoffwechsel hatten Hauri veranlaßt, dessen Resultate beim Kaninchen nachzuprüfen. Die Ergebnisse beider Arbeiten waren die gleichen, nämlich, daß das Vorhandensein der Milz den respiratorischen Stoffwechsel hemmt, ihre Wegnahme ihn fördert.

Als neuen Gesichtspunkt hat Hauri den Einfluß der Schilddrüse in bezug auf Kohlensäure und Wasserausscheidung mit in den Kreis seiner Untersuchungen einbezogen, und als weiteren wichtigen Faktor die Versuche bei normaler und erhöhter Außentemperatur vorgenommen.

Die Resultate von Hauri gipfelten darin, daß thyreoidektomierte Kaninchen auf zwei Arten reagieren:

1. ,,In einer ersten Periode zeigt sich bei normaler Außentemperatur (bei 20° C) eine Steigerung der Kohlensäure- und Wasserabgabe. Gleichzeitig tritt eine auffallende Veränderung der Respiration bei erhöhter Außentemperatur zutage. Die Hitzepolypnöe fällt vollkommen weg. Die Wasserabgabe sinkt enorm, die Kohlensäureausscheidung ist ganz gering erhöht.

2. Die unter 1. charakterisierte Periode zeigt sich gar nicht oder klingt ab und geht in eine zweite über, wo Kohlensäure und Wasserausscheidung bei normaler Außentemperatur herabgesetzt sind. Bei erhöhter Außentemperatur aber besteht wieder deutlich Hitzepolypnöe, und trotzdem sind sowohl Wasser- wie Kohlensäureausscheidung vermindert."

Das unter 1. angeführte Verhalten sieht Hauri als den Ausdruck einer gestörten Wärmeregulation nach Thyreoidektomie an, wie sie übrigens an Hand von Rectaltemperaturmessungen bei Hund und Katze von Boldyreff[3]) nachgewiesen worden war.

Diese Ergebnisse waren an zwei thyreoidektomierten Tieren gesammelt worden. Gerade weil Kaninchen nach Thyreoidektomie auf zwei Arten reagierten, war es gegeben, die Befunde einer Nachprüfung zu unterziehen.

Von Herrn Prof. Asher auf diese Untersuchungen aufmerksam gemacht, habe ich es unternommen, unter seiner Leitung die Haurischen Resultate zu überprüfen, und, wenn möglich, sie zu erweitern. Spezielles Augenmerk sollte dabei auf die Respiration, im besonderen bei erhöhter Außentemperatur gelegt werden. Neu sollte die Thymus einmal für sich allein, dann aber auch kombiniert mit Schilddrüsenexstirpation in den Kreis der Untersuchungen einbezogen werden. Nur gestützt auf die vollständig neue Untersuchungsmethode der veränderten, d. h. der erhöhten Außentemperatur, die bereits bei ihrer ersten Anwendung ein so bemerkenswertes Resultat geliefert und ein großes und wichtiges Arbeitsfeld eröffnet hat, durfte an dieses Organ herangegangen werden. Die Tatsache der geringen Reaktion von Kaninchen auf solche chirurgische Eingriffe bestand nach wie vor, in Hinblick auf obige Methode war aber möglicherweise ein neues Ergebnis zu erwarten.

Über die Thymusdrüse fehlen Stoffwechseluntersuchungen mit bezug auf Kohlensäure- und Wasserabgabe sozusagen überhaupt. Eine einzige diesbezügliche Angabe findet sich bei Friedleben[4]) (1858), der neben vermehrter Stickstoffausscheidung bei ekthymierten Hunden eine Verminderung der durch die Lungen ausgeschiedenen Kohlensäure nachgewiesen zu haben glaubt. Die übrigen zahlreichen Arbeiten, die bis dahin über Thymusfunktionen veröffentlicht wurden, und in dem zusammenfassenden Referat von Matti[5]), auf das ich verweise, näher besprochen werden, beziehen sich im wesentlichen auf die Beobachtung thymopriver Allgemeinsymptome, auf Veränderungen am Knochensystem, auf Beziehungen zum Nervensystem, Kalkstoffwechsel, Blutbildung und in weitgehendem Maße auch auf Organkorrelationen. Die speziell in dieser Richtung sich sehr widersprechenden Angaben lassen vorläufig noch kein abschließendes Urteil zu.

Ganz besonders nachdrücklich aber wird von vielen Autoren ein weitgehender funktioneller Konnex von Thymus und Thyreoidea betont, und kein geringerer als Basch[6]) zieht aus seinen Arbeiten den allgemeinen Schluß, daß sich die Thymus am nächsten der Tätigkeit der Schilddrüse anschließt, mit der sie der Gruppe der branchiogenen Organe angehört.

Bei diesem Stand der Dinge lag es daher nahe, die Ausfallserscheinungen nach Thymektomie im Verein mit Thyreoideaausschaltung zu prüfen. Nach all den vielen „negativ ausgefallenen Thymusarbeiten" aber zu schließen, durfte man von vornherein nicht auf große frappante Unterschiede in der Kohlensäure und Wasserausscheidung nach Thymektomie rechnen, indem ein vikariierendes Eintreten verwandter Organe eben wahrscheinlich war. Ein Resultat nach Thyreo-Thymektomie, d. h. nach Entfernung zweier vorläufig als gleichsinnig wirkend angenommener Organe, war also um so eher zu erwarten.

Apparatur und Methode.

Ein zuverlässiges Verfahren, die Methode von Haldane[7]), erlaubt uns den respiratorischen Stoffwechsel beim Kaninchen zu bestimmen. Sie besteht im Prinzip darin, durch vorgelegte Schwefelsäure und Natronkalk in eine gedichtete Respirationskammer eintretende Luft wasser- resp. kohlensäurefrei zu machen. In der Kammer mischt sich mit dieser Luft das vom Kaninchen ausgeatmete Wasser und die Kohlensäure; sie passiert dann wiederum mit Schwefelsäure resp. Natronkalk gefüllte Flaschen, deren Gewichtszunahme das ausgeatmete Wasser resp. die Kohlensäure darstellt.

Das Prinzip dieser Methode hatte Hauri übernommen, die ganze Anordnung aber so ausgebaut, daß er die Temperatur in der Respirationskammer beliebig ändern und konstant erhalten konnte. Prüfung, Zuverlässigkeit und die genauen Maße der Apparatur sind in seiner Arbeit festgelegt, so daß ich mich hier kurz fassen kann und nur soweit auf Methode und Apparatur einzutreten brauche, als es für das Verständnis der Arbeit notwendig ist; einzig von mir angebrachte Abänderungen sollen genaue Beschreibung finden.

Am Anfang des Systems steht zur Mengenbestimmung der durchgesaugten Luft eine gewöhnliche trockene Gasuhr. Wenn diese Art der Luftmessung auch nicht sehr genau ist, so ist sie doch genügend. Auf die Gasuhr folgt eine Schwefelsäureflasche und eine Natronkalkflasche, wo der atmosphärischen Luft der Wasserdampf und die Kohlensäure entzogen wird. In einer weiteren, Schwefelsäure enthaltenden Flasche wird das bei der Bindung der Kohlensäure freiwerdende und bei eventuell feuchtem Natronkalk mitgerissene Wasser zurückgehalten. Die Luft tritt also wasser- und kohlensäurefrei in die Respirationskammer, die von einer Plethysmographenröhre gebildet wird. Den Verschluß am Eingang in das 12 cm weite Rohr habe ich abgeändert. Er war ursprünglich nach dem, von der Firma Stoppani & Cie in Bern nach Angaben von Prof. Asher konstruierten Respirationskasten für Ratten, wo er sich auch tadellos bewährte, hergestellt. Es zeigte sich aber bei den Dichtungsprüfungen der Apparatur, daß ein absoluter Verschluß zwischen Holzrahmen und Plethysmographenröhre mit Siegellack äußerst schwer zu erreichen und zudem unzuverlässig war.

Der neue Verschluß besteht einmal in einem festeren Holzrahmen, der ermöglichen soll, die Verschlußschrauben besser anzuziehen. Das wesentliche ist aber, daß der dickwandige und zudem an seiner Öffnung noch verbreiterte Zylinder bündig ist zum Holzrahmen, damit der 5 cm breite aus bestem, weichem Gummi geschnittene Ring ähnlich wie bei einem Konservenglas sowohl dem Zylinderrand als auch dem Holzrahmen anliegt.

Im weiteren wurde 10 cm vor der Ausgangsöffnung aus der Respirationskammer ein Drahtgitter eingeschoben. Auf diese Notwendigkeit wurde ich durch die Beobachtung geführt, daß oft aus zunächst unaufklärbaren Gründen das Thermometer, das die Temperatur in der Respirationskammer angibt, plötzlich in die Höhe stieg. Es war das immer dann der Fall, wenn das Kaninchen vorn in der Röhre saß und seine Ausatmungsluft das Thermometer direkt traf, oder wenn es gar anfing, das Thermometer zu belecken.

Soweit die Abänderungen; das übrige der Apparatur, der Heizkasten und die Absorptionsflaschen sind direkt von Hauri übernommen und ich verweise auf die genauen Angaben in seiner Arbeit.

Die Luft passiert nach der Respirationskammer zwei Schwefelsäureflaschen, wo das ausgeatmete Wasser, drei Natronkalkflaschen, wo die Kohlensäure aufgenommen wird; in einer letzten Schwefelsäureflasche wird bei der Bindung der Kohlensäure frei werdendes Wasser zurückgehalten.

Der Gang der Versuche.

Vor jedem Versuch wurden die Kaninchen auf einer Dezimalwage bis auf 10 g genau gewogen und ihre Rectaltemperatur mit einem gewöhnlichen Maximumthermometer bestimmt. Gutes Halten der Tiere ist dabei Voraussetzung; denn sobald sich die Kaninchen sträuben können, so steigt auch die Temperatur sofort. Das Versuchstier wurde sodann in die Respirationskammer verbracht, die Außentemperatur auf die gewünschte Höhe gesteigert, die Luft vorläufig noch durch eine Nebenleitung abgesogen. Das Gewicht der Absorptionsflaschen wurde bis auf Zentigramm genau bestimmt; ein jeder Versuch erforderte also zwölf Wägungen, d. h. zweimal je sechs Flaschen. Eine größere Genauigkeit als Zentigramm hatte keinen Sinn, da die Kaninchen ja nur auf 10 g genau gewogen wurden, wobei dann bei der Ausrechnung der Kohlensäure- resp. Wasserabgabe auf Kilogramm Körpergewicht und Stunde direkt ein Fehler gemacht worden wäre. Der eigentliche Versuch begann erst, wenn die erwünschte Temperatur in der Respirationskammer erreicht war. Die Dauer betrug eine Stunde, nachdem anfänglich halbstündige Versuche gemacht worden waren, die aber aus der Überlegung heraus fallen gelassen wurden, daß eventuell vorgekommene und nie ganz ausschaltbare Fehlerquellen sich bei der Ausrechnung auf Stunde und Kilogramm Körpergewicht immer verdoppeln. Bei 33° C Außentemperatur z. B. zeigt ein Normaltier erst nach 3—5 Minuten fliegende Atmung; ein halbstündiger Versuch hätte also ein Sechstel der Zeit nicht bei der für 33° C Außentemperatur normal fliegenden Atmung stattgefunden. Bei einem einstündigen Versuch sinkt demnach die Fehlerquelle auf die Hälfte. Länger wie eine Stunde umgekehrt sind die Versuche auch nicht ausdehnbar, weil sonst die Tiere bei 33° C Außentemperatur zu speicheln anfangen und so das Resultat der Wasserabgabe unbrauchbar machen.

Wie groß der Einfluß der Fütterung bei diesen Untersuchungen war, zeigten am besten Kaninchen B IV und C I. Diese Tiere waren frisch zugekauft und an ihrem früheren Standort mit Grünfutter gefüttert worden. Anfänglich zeigten sie bei 23° C Außentemperatur Werte der Wasserausscheidung von 2,161 resp. 2,102 g, währenddem sie nachher beim Trockenfutter auf einen Durchschnitt von 1,606 resp. 1,682 g pro Kilogramm Körpergewicht und Stunde sanken. Noch deutlicher zeigte sich der Einfluß bei 33° C Außentemperatur, wo die Tiere in einem ersten Versuch 4,331 resp. 4,401 g Wasser abgaben, bei Trockenfutter aber sofort auf Durchschnittswerte von 2,544 resp. 2,510 g zurückgingen.

Schon von Anfang an wurde daher in Fütterung und Futterzeit auf größte Konstanz gedrungen. Die Tiere wurden einmal pro Tag gefüttert, jeweilen am Abend und kamen am nächsten Nachmittag, also nüchtern, in Versuch. Die Fütterung bestand ausschließlich in Heu, Hafer und Wasser. Auch die Haltung der Kaninchen war eine peinlich saubere, so daß das Fell immer rein und trocken war, ein Zustand, dessen Fehlen bei der relativ starken Ventilation von 120 Liter pro Stunde, die übrigens bei allen Versuchen genau innegehalten wurde, einen nicht unbedeutenden Fehler im Wasserwert hätte darstellen können.

Ursprünglich waren die Temperaturen auf 23° C und 33° C festgelegt. Die heiße Witterung in den Augusttagen zwang aber, bei neu in Untersuchung kommenden Tieren die untere Temperatur auf 25° C festzusetzen. Tiere, bei denen die Vorversuche bei 23° C ausgeführt worden waren, konnten weiter nur Verwendung finden, wenn künstlich gekühlt wurde. Am besten hat sich dabei das Auflegen naßkalter Lappen auf den Zylinder bewährt. Ein Eintauchen der Schwefelsäurevorflasche in Eiswasser und folgliches Einleiten eines kalten Luftstromes in die Respirationskammer war nicht brauchbar. Tiere, die weit hinten im Apparat saßen, und die der kalte eintretende Luftstrom immer genau an der gleichen Stelle traf, fingen an zu zittern, was jeweilen einen Ausschlag in der Kohlensäureabgabe nach oben zur Folge hatte.

Die Operationen.

Die Operationen wurden alle unter peinlichster Beobachtung der A- und Antisepsis durchgeführt. Das Futter wurde am Tage vor der Operation etwas reduziert; die Operation fand am nüchternen Tiere statt. Eine vollständige und noch einige Stunden über den chirurgischen Eingriff hinaus andauernde Narkose wurde durch subcutane Injektion von 1 ccm 4 proz. Morphiumlösung erreicht.

a) Die Thyreoidektomie bestand in einem 2—3 cm langen Medianhautschnitt vom Kehlkopf ab oralwärts. Eine Durchtrennung von Fascie und links- und rechtsseitiger Halsmuskulatur legte die Trachea frei; durch seitliches Herabdrücken der Muskulatur werden die braunrötlichen, länglichen, schwach bohnengroßen Thyreoideaseitenlappen sichtbar; der Isthmus ist als schwach gelbrötlicher 2—3 mm breiter Streifen erkennbar und sieht einem dünnen Blutextravasat ähnlich.

Die Seitenlappen wurden mit Pinzetten erfaßt, leicht hochgehoben und die bindegewebige Verbindung mit der Trachea unter größter Sorgfalt und Schonung des Nervus recurrens gelöst. Die Thyreoidea versorgenden Gefäße, inklusive die stark ausgebildete Vene, wurden mit feinen Arterienklemmen abgedreht, durchschnitten oder zerrissen, Blutungen traten bei diesem bloßen Abklemmen keine auf oder wenigstens nur solche, die durch sachtes Auflegen eines Tupfers sofort gestillt werden konnten. Von einer Unterbindung des Isthmus wurde abgesehen. Die beiden Lappen wurden zusammenhängend exstirpiert. Der große Vorteil dieser Methode besteht einmal darin, daß keine Ligaturen in der Operationswunde zurückbleiben, und zum andern, daß eine wirklich vollständige Entfernung der Thyreoidea gesichert ist. Beim Anlegen von Ligaturen ist es sehr wohl möglich, gerade am oralen Pol der Lappen, wo ein größeres Gefäß in die Thyreoidea eintritt und wo sie ziemlich fest mit der Trachea verbunden ist, ein Stückchen Drüse mit abzubinden, das so funktionsfähig bleibt. Fascie und Muskulatur werden durch Catgutknopfnaht, die Haut durch fortlaufende Naht, wieder verbunden. Ein Jodanstrich, doppelter Gazestreifen und Kollodium sollten die Wunde vor Infektion schützen.

In Krause[8]), die Anatomie des Kaninchens, wird das Gewicht der Schilddrüse mit 0,1 g angegeben; die von mir exstirpierten Drüsen wogen 0,08—0,14, im Maximum 0,17 g.

b) Die Thymektomie. Wie bei der Thyreoidektomie so wird auch hier durch einen 3 cm langen von Mitte Hals bis Manubrium sterni reichenden Schnitt durch Haut, Fascie und Muskulatur die Trachea freigelegt. Mittels stumpfen Haken wird das Brustbein in die Höhe gehoben, die ventrale Halsmuskulatur leicht seitwärts gezogen. Ventral der Gabelung der Vena cava cran. ist der vordere Zipfel der Thymus als gräuliches, fettähnliches Gewebe sichtbar, umgeben von einer dünnen Bindegewebskapsel. In dieser Gegend weist die Drüse ziemlich schwer lösbare Verbindungen mit den Gefäßen auf. Die Kapsel wird vorsichtig angeschnitten, die Thymus mit breiten Pinzetten gefaßt und durch leichten Zug entwickelt. Zur vollständigen Exstirpation erfordert das äußerst leicht zerreißbare Organ neben großer Vorsicht fast im Widerspruch zur Größe der Drüse stehende breite Pinzetten. Die beiden Lappen lösen sich im allgemeinen sehr leicht. Eine allfällige venöse Blutung ist durch Aufdrücken eines Tupfers sofort stillbar, hat übrigens bei aseptischem Vorgehen nichts zu bedeuten. Üble Folgen wurden wenigstens nie beobachtet.

Bei älteren, und ich bezeichne hier 3 Monate alte Tiere, für diese Operation als alt, oder bei solchen, wo die Thymus infolge Krankheit speziell Leber- und Darmcoccidiose einer akzidentellen Involution anheimgefallen ist, wird es eventuell notwendig, zur bessern Übersicht des Operationsfeldes das Sternum in seiner oralen Partie zu spalten.

Naht und Verband wird in gleicher Weise wie bei Thyreoidektomie angelegt.

c) Die Doppeloperation, d. h. Thyreo-Thymektomie ist eine Kombination der beiden Einzeloperationen, wobei der Haut-Muskelschnitt von Kehlkopf bis Sternum gezogen wird. Ich persönlich ziehe es jeweilen vor, zuerst die Thyreoidea und dann die Thymus zu exstirpieren, um bei einem schlechterdings leicht möglichen einseitigen Pneumothorax die Operationswunde rasch verschließen zu können.

An den Folgen der verschiedenen Operationen sind von 11 Tieren die 3 erstoperierten umgestanden. Todesursache war einmal beidseitiger Pneumothorax, einmal beidseitige Pneumonie, wahrscheinlich infolge Recurrensverletzung; bei einem Tier, das an tetanieähnlichen Symptomen umstand, war die Todesursache nicht sicher feststellbar.

Im übrigen heilten alle Wunden per primam ab; später ausgeführte Sektionen bewiesen die sowohl vollständige Entfernung der Thyreoidea als auch der Thymus; verdächtige Gewebspartien im besonderen größere Fettpartien wurden jeweilen mikroskopisch untersucht. Von Krause wird das Gewicht der Thymus beim Kaninchen mit 1,1 g angegeben. Klose und Vogt[9]) fanden nach eigenen Bestimmungen bei Tieren im Alter bis zu 7 Wochen ein durchschnittliches Thymusgewicht von 2,6 g. Nach Söderlund und Backmann[10]) beträgt das Thymusgewicht von 4—6 Wochen alten Kaninchen 1,07 g und steigt auf maximal 2,49 g bei 4 Monate alten Kaninchen. Die von mir operierten Tiere standen in einem mittleren Alter von 10 Wochen und wogen 1100—1800 g, im Mittel 1530 g. Das Gewicht der exstirpierten Drüsen schwankte von 1,32—2,63 g und betrug im Mittelwert 1,97 g.

I. Thyreoidektomierte Tiere.

Am auffallendsten wohl und funktionell auch am einschneidendsten ist die Ausschaltung der Thyreoidea. Bereits zwei Tage nach der Operation stehen die Kohlensäure- und Wasserwerte auf dem Minimum des Normalen, um dann stetig bis auf ca. 60—65% der Durchschnittszahlen vor der Operation zu sinken. Dabei ist die Abnahme bei 33° C Außentemperatur ausgesprochener als bei 23° C.

Deutlicher als alle Worte sprechen hier die Versuchsprotokolle und die graphischen Darstellungen (Abb. 1, 2, 3, 4) im Anhang.

Thyreoidektomiertes Kaninchen A. I. (Abb. 1 u. 2).

a) Bei 25° C Außentemperatur (Abb. 1).
Zustand: normal.

Datum	Nr. des Versuchs	Körpergewicht d. Tieres in g	Pro kg Körpergewicht u. Stunde abgegeb. Menge		Atemfrequenz pro Minute
			CO_2 in g	H_2O in g	
20. VIII.	192	1420	1,327	1,187	40—44
22. VIII.	202	1440	1,233	1,153	35
26. VIII.	213	1500	1,180	1,000	40
29. VIII.	223	1500	1,057	1,030	38
1. IX.	234	1540	1,240	1,331	36
Normaldurchschnittswert:			1,205	1,140	

Zustand: thyreoidealos.
Datum der Operation: 3. IX. 19.

Datum	Nr. des Versuchs	Körpergewicht d. Tieres in g	Pro kg Körpergewicht u. Stunde abgegeb. Menge		Atemfrequenz pro Minute
			CO_2 in g	H_2O in g	
5. IX.	246	1570	1,077	1,045	35
8. IX.	254	1550	1,065	0,852	35
10. IX.	263	1610	1,155	0,876	34
12. IX.	270	1640	1,009	0,798	33—36
15. IX.	277	1680	0,798	0,729	35
17. IX.	285	1660	0,798	0,681	32
19. IX.	292	1690	0,834	0,751	31—40
Durchschnittswerte:			0,962	0,819	
In % der Normaldurchschnittswerte:			79,8	71,8	

b) Bei 33° C Außentemperatur (Abb. 2).
Zustand: normal.

Datum	Nr. des Versuchs	Körpergewicht d. Tieres in g	Pro kg Körpergewicht u. Stunde abgegeb. Menge		Atemfrequenz pro Minute
			C_2O in g	H_2O in g	
21. VIII.	201	1420	1,007	2,268	fliegend
23. VIII.	205	1440	1,146	2,514	,,
27. VIII.	218	1510	1,235	2,589	,,
30. VIII.	229	1520	1,138	2,336	,,
2. IX.	239	1520	1,178	2,454	,,
Normaldurchschnittswert:			1,141	2,432	

Zustand: thyreoidealos. Datum der Operation: 3. IX. 19.

Datum	Nr. des Versuchs	Körpergewicht d. Tieres in g	Pro kg Körpergewicht u. Stunde abgegeb. Menge		Atemfrequenz pro Minute
			CO_2 in g	H_2O in g	
6. IX.	249	1580	1,089	2,089	fliegend
9. IX.	258	1580	0,987	1,747	180
11. IX.	266	1610	0,708	1,478	120—150
13. IX.	273	1670	0,922	1,497	100—180
16. IX.	281	1650	0,836	1,261	160—lcht. fl.
18. IX.	287	1670	0,626	1,317	125—185
20. IX.	295	1690	0,680	1,521	56—185
Durchschnittswert:			0,835	1,559	
In % d. Normaldurchschnittswertes:			73,2	64,1	

Thyreoidektomiertes Kaninchen A. II. (Abb. 3 u. 4).

a) Bei 23° C Außentemperatur (Abb. 3).

Zustand: normal.

Datum	Nr. des Versuchs	Körpergewicht d. Tieres in g	Pro kg Körpergewicht u. Stunde abgegeb. Menge		Atemfrequenz pro Minute
			CO_2 in g	H_2O in g	
6. VIII.	144	1160	1,280	0,914	44
8. VIII.	154	1210	1,438	1,091	50
11. VIII.	160	1290	1,291	1,116	46
13. VIII.	170	1290	1,221	0,892	53
15. VIII.	177	1360	1,360	0,971	44
19. VIII.	190	1350	1,204	0,937	45—56
25. VIII.	211	1510	1,066	0,848	30
29. VIII.	227	1530	0,961	1,105	36—40
1. IX.	232	1590	1,182	1,050	40
Normaldurchschnittswert:			1,223	0,992	

Zustand: thyreoidealos. Datum der Operation: 3. IX. 19.

Datum	Nr. des Versuchs	Körpergewicht d. Tieres in g	Pro kg Körpergewicht u. Stunde abgegeb. Menge		Atemfrequenz pro Minute
			CO_2 in g	H_2O in g	
5. IX.	245	1540	0,919	0,800	32—34
8. IX.	252	1610	0,925	0,894	33
10. IX.	262	1720	1,041	0,814	43
12. IX.	268	1710	1,164	0,778	46
15. IX.	275	1750	0,977	0,657	35
17. IX.	284	1740	0,828	0,770	35
19. IX.	291	1800	0,786	0,800	36—41
Durchschnittswert:			0,949	0,788	
In % d. Normaldurchschnittswertes:			77,6	79,4	

b) Bei 33° C Außentemperatur (Abb. 4).

Zustand: normal.

Datum	Nr. des Versuchs	Körpergewicht d. Tieres in g	Pro kg Körpergewicht u. Stunde abgegeb. Menge		Atemfrequenz pro Minute
			CO_2 in g	H_2O in g	
7. VIII.	148	1170	1,286	2,423	fliegend
9. VIII.	156	1200	1,229	2,563	,,
12. VIII.	165	1290	1,248	2,132	,,
14. VIII.	173	1300	1,173	2,100	,,
16. VIII.	181	1360	1,173	2,015	
18. VIII.	185	1420	1,254	2,000	,,
21. VIII.	197	1450	1,087	2,112	,,
26. VIII.	216	1500	1,073	2,377	,,
2. IX.	238	1560	1,029	2,282	,,
Normaldurchschnittswert:			1,172	2,223	

Zustand: thyreoidealos.

Datum der Operation: 3. IX. 19.

Datum	Nr. des Versuchs	Körpergewicht d. Tieres in g	Pro kg Körpergewicht u. Stunde abgegeb. Menge		Atemfrequenz pro Minute
			CO_2 in g	H_2O in g	
6. IX.	248	1570	1,009	1,981	170
9. IX.	257	1670	0,814	1,617	130
11. IX.	267	1700	0,941	1,512	126—130
13. IX.	272	1710	0,725	1,491	100—180
16. IX.	280	1780	0,680	1,219	68—135
18. IX.	286	1790	0,667	1,243	98—126
Durchschnittswert:			0,806	1,511	
In % d. Normaldurchschnittswertes:			68,8	68,0	

Nach den Protokollen von Hauri zeigen sich nach 12—20 Tagen überall den Normalabgaben von Kohlensäure und Wasser entsprechende Werte, mit anderen Worten, ein Abklingen der Reaktion. Bis 17 Tage nach der Thyreoidektomie war in meinen Untersuchungen nur in der Wasserausscheidung von A. II. bei 23° C Außentemperatur eine leise Andeutung der Rückkehr zur Norm. Da speziell ein eventueller Einfluß der Thymus nach Thyreoidektomie erforscht werden sollte, so fand die Thymektomie gerade in dem Moment statt, als im allgemeinen das Minimum der Kohlensäure und Wasserabgabe erreicht war. In bezug auf das Abklingen der Reaktion stütze ich mich also lediglich auf die Angaben von Hauri.

Die Veränderungen der Respirationsfrequenz und Rectaltemperatur nach Thyreoidektomie sollen in einem besondern Kapitel besprochen werden.

Diese beiden Tiere und überhaupt alle zeigen normal bei 23° C Außentemperatur eine größere Kohlensäureabgabe als bei 33° C, die Wasserwerte stehen gerade umgekehrt. In dieser Tatsache erkennen wir ein schon längst bekanntes Gesetz der Wärmeregulation, nämlich, daß bei zunehmender Außentemperatur die Wasserabgabe steigt (physikalische Wärmeregulation), die Kohlensäurebildung aber sinkt (chemische Wärmeregulation).

II. Thymektomierte Tiere.

Wie aus den folgenden Tabellen ersichtlich, und ich möchte fast sagen, wie nach allen bisherigen experimentellen Thymusausschaltungen nicht anders zu erwarten war, trat eine Reaktion in bezug auf Kohlensäure- und Wasserabgabe nach bloßer Thymektomie trotz veränderter Außentemperatur nur sehr undeutlich in Erscheinung, und das veranlaßte auch die eingehendere Kombination und Variation der beiden in Frage stehenden Organe. Die Resultate aus der Thymektomie allein zu verwerten, wäre gewagt und unsicher. Die angeführten Versuchsprotokolle zeigen klar, daß ein eindeutiger Schluß aus Thymektomie für sich allein nicht zu ziehen ist. Ein Tier, Kaninchen B. I. (Abb. 5, 6, 7), trotzdem schon relativ alt (ca. 12 Wochen), hat auf Thymektomie stark reagiert, sowohl die Kohlensäure- als auch die Wasserabgabe ist bei allen drei Wärmegraden (23, 27, 33°) gesunken, was also auf einen de norma fördernden Einfluß der Thymus deuten würde. Auch wenn wir eine spontane geringe Abnahme der diesbezüglichen Werte eines Kontrolltieres in Berücksichtigung ziehen, so ist eine Verminderung doch unverkennbar. Die relativ kurze Dauer der Versuche bei diesem Tier, das ursprünglich als „Doppeltier" hätte dienen sollen, das aber an den Folgen der Thyreoidektomie an den bereits erwähnten tetanieähnlichen Symptomen umstand, erlaubt nicht, die Reaktion als gesetzmäßig hinzustellen. Immerhin ist zu bemerken, daß positiv ausgefallene Experimente bewertet werden müssen, indem für „negative Versuche" Erklärungen genug zur Hand geschafft werden können. Ebenfalls, wenn auch in geringerem Maße, zeigte sich bei den ekthymierten Tieren B. II (Abb. 8 u. 9) und B. IV (Abb. 12 u. 13) eine Abnahme in Kohlensäure und Wasserabgabe.

Im Gegensatz dazu hat Kaninchen B. III (Abb. 10 u. 11), dem als 10 Wochen alt eine Thymus im Gewichte von 2,63 g exstirpiert wurde, wo schon die Größe des Organs auf eine vollständige Thymektomie schließen läßt, wie man sich übrigens auch an den glatten Umrissen der Drüse überzeugen konnte, in dem, nach den früheren Resultaten erwarteten Sinne sehr schwach, in den Kohlensäurewerten gerade entgegengesetzt, d. h. mit Vermehrung reagiert. Die postoperativen Versuche fielen allerdings in die ungünstigste Zeit eines allgemeinen Temperatursturzes, der einen vermehrten Stoffwechsel, wie auch Kontrolltiere zeigten, erwarten ließ.

Die oben angeführten stichhaltigen Erklärungen für resultatlos ausgefallene Versuche finden wir bei Matti. Einmal können funktionstüchtige Thymusmetamere, wie sie nach Groschuff[11] u. a. bei vielen Säugern vorkommen, oder von der eigentlichen Thymusanlage (3. Tasche) abgelöste Thymusläppchen (äußeres akzessorisches Thymusläppchen) ursächlich in Betracht fallen. Unvollständige Thymusexstirpation ist im weitern ein wesentliches mitbeeinflussendes Moment, darf aber hier auf Grund der negativen Sektionen ausgeschaltet werden. Nicht ganz von der Hand zu weisen und mit dem schwachen Ausschlag eventuell in Verbindung stehend ist dagegen das schon etwas vorgeschrittene Alter der Tiere, indem in der dritten Lebenswoche das Maximum des relativen Thymusgewichtes beim Kaninchen mit 3,33 g angegeben wird. Der Vollständigkeit halber sei auch die von Basch, Klose, Vogt und Matti angeführte Beobachtung erwähnt, wonach Kaninchen und überhaupt Herbivoren wegen geringer Thymusentwicklung und frühzeitigem großen Kalkreichtum des Knochensystems nicht regelmäßig und nicht intensiv auf die Entfernung der Thymus reagieren. Es dürfte sich diese Bemerkung wohl mehr auf ihre Untersuchungen in bezug auf Veränderungen am Knochensystem beziehen. Immerhin dürfte es sich empfehlen, diese Untersuchungen, denen nun der Weg gewiesen ist, an anderen, günstigeren Versuchsobjekten zu überprüfen.

Das größte Gewicht möchte ich aber gerade auch als Folgerung aus den übrigen Versuchen dieser Arbeit auf die Korrelation und den funktionellen Konnex mit anderen innersekretorischen Drüsen, speziell mit der Schilddrüse legen. In dieser Beziehung will Matti berücksichtigt wissen, „daß gewisse Organe (Thyreoidea, Epithelkörperchen) in ihrer Wirkung entsprechend auch hinsichtlich ihres Ausfalles, mit der Thymus nahe verwandt sind und daß dieses Verhältnis vikariierendes Eintreten verwandter Organe für die Thymus möglich erscheinen läßt."

Auf Grund dieser Versuchsserie können wir also bloß sagen, daß nach Thymektomie beim Kaninchen die Kohlensäure- und Wasserabgabe nur sehr gering vermindert ist. Jeden fördernden Einfluß dürfen wir, wie spätere Ergebnisse zeigen, der Thymus aber nicht von vornherein absprechen.

Thymektomiertes Kaninchen B. I (Abb. 5, 6, 7).

a) Bei 23° C Außentemperatur (Abb. 5).

Zustand: normal.

Datum	Nr. des Versuchs	Körpergewicht d. Tieres in g	Pro kg Körpergewicht u. Stunde abgegeb. Menge		Atemfrequenz pro Minute
			CO_2	H_2O in g	
25. VI.	11	1690	1,420	1,598	—
27. VI.	20	1720	1,756	1,680	—
4. VII.	38	1690	1,521	1,515	—
Normaldurchschnittswert:			1,566	1,598	

Zustand: **thymuslos**.

Datum der Operation: 7. VII. 19.

Datum	Nr. des Versuchs	Körpergewicht d. Tieres in g	Pro kg Körpergewicht u. Stunde abgegeb. Menge		Atemfrequenz pro Minute
			CO_2 in g	H_2O in g	
9. VII.	55	1870	1,476	1,497	—
11. VII.	72	1980	1,333	1,106	—
14. VII.	76	1980	1,288	0,965	—
15. VII.	83	1970	1,279	1,036	—
16. VII.	89	2000	1,350	1,090	—
Durchschnittswert:			1,345	1,139	
In % d. Normaldurchschnittswertes:			85,9	71,2	

b) Bei 27° C Außentemperatur (Abb. 6).

Zustand: **normal**.

Datum	Nr. des Versuchs	Körpergewicht d. Tieres in g	Pro kg Körpergewicht u. Stunde abgegeb. Menge		Atemfrequenz pro Minute
			CO_2 in g	H_2O in g	
20. VI.	2	1640	1,585	2,396	—
23. VI.	5	1630	1,570	1,840	—
25. VI.	15	1690	1,390	1,976	—
28. VI.	23	1730	1,295	1,769	—
4. VII.	41	1690	1,278	1,752	—
Normaldurchschnittswert:			1,424	1,947	

Zustand: **thymuslos**.

Datum der Operation: 7. VII. 19.

Datum	Nr. des Versuchs	Körpergewicht d. Tieres in g	Pro kg Körpergewicht u. Stunde abgegeb. Menge		Atemfrequenz pro Minute
			CO_2 in g	H_2O in g	
9. VII.	57	1870	1,166	1,925	—
12. VII.	64	1940	1,201	1,577	—
14. VII.	78	1980	1,194	1,091	—
15. VII.	85	1970	1,305	1,426	—
16. VII.	91	2000	1,290	1,410	—
Durchschnittswert:			1,231	1,486	
In % d. Normaldurchschnittswertes:			86,4	76,3	

c) Bei 33° C Außentemperatur (Abb. 7).

Zustand: normal.

Datum	Nr. des Versuchs	Körpergewicht d. Tieres in g	Pro kg Körpergewicht u. Stunde abgegeb. Menge		Atemfrequenz pro Minute
			CO_2 in g	H_2O in g	
24. VI.	8	1630	1,552	2,791	fliegend
26. VI.	17	1680	1,328	2,589	,,
2. VII.	36	1760	1,551	2,602	,,
4. VII.	43	1690	1,414	2,580	,,
Normaldurchschnittswert:			1,461	2,641	

Zustand: thymuslos.
Datum der Operation: 7. VII. 19.

Datum	Nr. des Versuchs	Körpergewicht d. Tieres in g	Pro kg Körpergewicht u. Stunde abgegeb. Menge		Atemfrequenz pro Minute
			CO_2 in g	H_2O in g	
9. VII.	59	1870	1,235	2,417	fliegend
12. VII.	68	1940	1,170	2,139	,,
14. VII.	80	1980	1,268	1,975	,,
15. VII.	87	1970	1,274	1,802	,,
16. VII.	94	2000	1,510	1,915	,,
Durchschnittswert:			1,291	2,049	
In % d. Normaldurchschnittswertes:			88,4	77,6	

Thymektomiertes Kaninchen B. II (Abb. 8, 9).

a) Bei 25° C Außentemperatur (Abb. 8).

Zustand: normal.

Datum	Nr. des Versuchs	Körpergewicht d. Tieres in g	Pro kg Körpergewicht u. Stunde abgegeb. Menge		Atemfrequenz pro Minute
			CO_2 in g	H_2O in g	
20. VIII.	194	1250	1,380	1,284	60
22. VIII.	204	1250	1,296	1,336	45
26. VIII.	215	1290	1,264	1,217	60
29. VIII.	225	1320	1,167	1,477	—
1. IX.	235	1340	1,246	1,511	100
4. IX.	242	1230	1,187	1,057	44—50
8. IX.	255	1230	1,179	1,439	44—60
10. IX.	264	1280	1,148	1,016	42
Normaldurchschnittswert:			1,233	1,292	

Zustand: thymuslos.
Datum der Operation: 11. IX. 19.

Datum	Nr. des Versuchs	Körpergewicht d. Tieres in g	Pro kg Körpergewicht u. Stunde abgeg. Menge		Atemfrequenz pro Minute
			CO_2 in g	H_2O in g	
13. IX.	271	1330	1,327	1,278	50—53
16. IX.	279	1370	1,305	1,261	46
19. IX.	293	1370	1,066	1,474	65
26. IX.	314	1440	1,242	1,308	—
10. X.	344	1430	1,133	1,266	68
17. X.	355	1400	1,207	1,157	40
Durchschnittswert:			1,213	1,291	
In % d. Normaldurchschnittswertes:			98,4	100	

b) Bei 33° C Außentemperatur (Abb. 9).

Zustand: normal.

Datum	Nr. des Versuchs	Körpergewicht d. Tieres in g	Pro kg Körpergewicht u. Stunde abgeg. Menge		Atemfrequenz pro Minute
			CO_2 in g	H_2O in g	
21. VIII.	199	1200	1,000	2,500	fliegend
23. VIII.	208	1250	1,020	2,536	,,
27. VIII.	220	1310	1,271	2,962	,,
30. VIII.	231	1330	1,147	3,158	,,
2. IX.	240	1260	1,230	3,492	,,
5. IX.	247	1260	1,167	3,230	,,
9. IX.	259	1230	1,163	3,057	,,
Normaldurchschnittswert:			1,143	2,991	

Zustand: thymuslos.
Datum der Operation: 11. IX. 19.

Datum	Nr. des Versuchs	Körpergewicht d. Tieres in g	Pro kg Körpergewicht u. Stunde abgeg. Menge		Atemfrequenz pro Minute
			CO_2 in g	H_2O in g	
15. IX.	278	1320	1,019	2,742	fliegend
18. IX.	289	1360	0,956	2,647	,,
22. IX.	299	1400	1,014	2,908	,,
30. IX.	324	1410	1,167	2,936	,,
9. X.	340	1450	1,117	2,689	,,
17. X.	357	1400	1,207	2,564	,,
Durchschnittswert:			1,080	2,748	
In % d. Normaldurchschnittswertes:			94,5	91,9	

Thymektomiertes Kaninchen B. III (Abb. 10 u. 11).
a) Bei 23° C Außentemperatur (Abb. 10).
Zustand: normal.

Datum	Nr. des Versuchs	Körpergewicht d. Tieres in g	Pro kg Körpergewicht u. Stunde abgegeb. Menge		Atemfrequenz pro Minute
			CO_2 in g	H_2O in g	
12. IX.	269	1420	1,035	1,387	53
15. IX.	276	1430	1,119	1,245	40—46
17. IX.	283	1440	1,142	1,050	39
19. IX.	290	1460	1,219	1,274	46
Normaldurchschnittswert:			1,129	1,239	

Zustand: thymuslos.
Datum der Operation: 20. IX. 19.

Datum	Nr. des Versuchs	Körpergewicht d. Tieres in g	Pro kg Körpergewicht u. Stunde abgegeb. Menge		Atemfrequenz pro Minute
			CO_2 in g	H_2O in g	
22. IX.	297	1450	1,090	—	50
24. IX.	304	1480	0,892	1,196	34
26. IX.	311	1500	1,327	1,333	66
29. IX.	319	1530	1,209	1,235	36
2. X.	326	1580	1,323	1,291	48
4. X.	331	1570	1,401	1,280	100
7. X.	337	1610	1,357	1,261	95
10. X.	342	1640	1,250	1,183	—
13. X.	348	1620	1,093	1,012	60
17. X.	354	1640	1,146	0,988	100
21. X.	361	1770	1,277	0,870	52
Durchschnittswert:			1,215	1,165	
In % d. Normaldurchschnittswertes:			107,6	94,0	

b) Bei 33° C Außentemperatur (Abb. 11).
Zustand: normal.

Datum	Nr. des Versuchs	Körpergewicht d. Tieres in g	Pro kg Körpergewicht u. Stunde abgegeb. Menge		Atemfrequenz pro Minute
			CO_2 in g	H_2O in g	
13. IX.	274	1420	1,063	2,584	fliegend
16. IX.	282	1440	0,917	2,514	,,
18. IX.	288	1440	1,066	2,493	,,
20. IX.	294	1470	1,204	2,939	,,
Normaldurchschnittswert:			1,063	2,633	

Zustand: thymuslos.
Datum der Operation: 20. IX. 19.

Datum	Nr. des Versuchs	Körpergewicht d. Tieres in g	Pro kg Körpergewicht u. Stunde abgegeb. Menge		Atemfrequenz pro Minute
			CO_2 in g	H_2O in g	
23. IX.	302	1470	1,245	2,567	fliegend
25. IX.	309	1490	1,077	2,436	,,
27. IX.	317	1520	1,115	2,421	,,
30. IX.	323	1540	1 159	2,312	,,
3. X.	330	1550	1,319	—	,,
6. X.	335	1610	1,329	2,789	,,
9. X.	339	1670	1,254	2,611	,,
13. X.	350	1620	1,188	2,451	,,
18. X.	359	1680	1 182	2,446	,,
21. X.	363	1770	1,201	1,876	,,
Durchschnittswert:			1,207	2,434	
In % d. Normaldurchschnittswertes:			113,5	92,4	

Thymektomiertes Kaninchen B. IV (Abb. 12, 13).

a) Bei 23° C Außentemperatur (Abb. 12).

Zustand: normal.

Datum	Nr. des Versuchs	Körpergewicht d. Tieres in g	Pro kg Körpergewicht u. Stunde abgegeb. Menge		Atemfrequenz pro Minute
			CO_2 in g	H_2O in g	
11. VII.	62	1270	1,354	1,606	—
14. VII.	74	1340	1,395	1,351	—
15. VII.	81	1350	1,481	1,674	—
16. VII.	97	1360	1,401	1,792	—
Normaldurchschnittswert:			1,408	1,606	

Zustand: thymuslos.
Datum der Operation: 17. VII. 19.

Datum	Nr. des Versuchs	Körpergewicht d. Tieres in g	Pro kg Körpergewicht u. Stunde abgegeb. Menge		Atemfrequenz pro Minute
			CO_2 in g	H_2O in g	
22. VII.	105	1450	1,606	1,614	—
23. VII.	110	1450	1 362	1,397	—
24. VII.	113	1460	1,353	1,370	—
28. VII.	115	1500	1,437	1,387	—
30. VII.	122	1540	1,354	1,299	—
2. VIII.	134	1530	1,200	1,118	—
4. VIII.	138	1550	1,209	1,019	—
Durchschnittswerte:			1,360	1,315	
In % d. Normaldurchschnittswertes:			96,6	81,8	

b) Bei 33° C Außentemperatur (Abb. 13).

Zustand: normal.

Datum	Nr. des Versuchs	Körpergewicht d. Tieres in g	Pro kg Körpergewicht u. Stunde abgegeb. Menge		Atemfrequenz pro Minute
			CO_2	H_2O	
			in g		
13. VII.	70	1290	1,294	2,700	fliegend
15. VII.	86	1350	1,319	2,644	,,
16. VII.	93	1360	1,412	2,287	,,
Normaldurchschnittswert:			1,342	2,544	

Zustand: thymuslos.

Datum der Operation: 17. VII. 19.

Datum	Nr. des Versuchs	Körpergewicht d. Tieres in g	Pro kg Körpergewicht u. Stunde abgegeb. Menge		Atemfrequenz pro Minute
			CO_2	H_2O	
			in g		
21. VII.	103	1440	1,242	2,236	180
22. VII.	109	1450	1,324	2,276	170
23. VII.	112	1450	1,331	2,562	fliegend
28. VII.	117	1500	1,337	2,520	,,
30. VII.	125	1540	1,227	2,097	190
2. VIII.	136	1530	1,206	2,314	190
4. VIII.	140	1550	1,181	2,129	190
Durchschnittswerte:			1,264	2,305	
In % d. Normaldurchschnittswertes:			94,2	90,6	

III. Thyreo-thymektomierte Tiere.

Nach Doppeloperation ist in ausgesprochenem Maße das eingetreten, was sich aus den Resultaten nach Thyreoidektomie und Thymektomie ergeben mußte, nämlich eine sehr starke, bis zu 40% und mehr betragende Senkung in Kohlensäure- und Wasserabgabe. Ein vikariierendes Eintreten der beiden Drüsen war durch die gleichzeitige Operation ausgeschlossen; durch diese mächtige Senkung des respiratorischen Stoffwechsels nach Schilddrüsen-Thymusentfernung erhält die Annahme eines funktionellen Zusammenhanges innersekretorischer Drüsen eine neue Stütze.

Der wesentliche Unterschied zur Thyreoidektomie besteht in dem Nichtwiederanstieg der Kohlensäure- und Wasserausscheidung, d. h. dem Nichtabklingen der Reaktion. Die Thymus übernähme demnach bei Fehlen der Schilddrüse deren fördernde Funktion; mit ihrer Exstirpation fällt diese Möglichkeit dahin, die Werte bleiben unten. Sehr anschaulich bringen dies die Kurven der Abb. 14, 15, 16, 17 im Anhang zur Darstellung.

Thyreo-thymektomiertes Kaninchen C. I (Abb. 14, 15).

a) Bei 23° C Außentemperatur (Abb. 14).

Zustand: normal.

Datum	Nr. des Versuchs	Körpergewicht d. Tieres in g	Pro kg Körpergewicht u. Stunde abgegeb. Menge CO_2 in g	H_2O in g	Atemfrequenz pro Minute
11. VII.	63	1290	1,372	1,806	—
14. VII.	75	1350	1,607	1,785	—
15. VII.	82	1340	1,463	1,828	—
16. VII.	96	1410	1,461	1,723	—
21. VII.	99	1430	1,238	1,664	—
22. VII.	104	1440	1,326	1,674	—
23. VII.	111	1440	1,354	1,291	—
Normaldurchschnittswert:			1,403	1,682	

Zustand: thyreoidea- und thymuslos.

Datum der Operation: 26. VII. 19.

Datum	Nr. des Versuchs	Körpergewicht d. Tieres in g	Pro kg Körpergewicht u. Stunde abgegeb. Menge CO_2 in g	H_2O in g	Atemfrequenz pro Minute
28. VII.	116	1460	1,250	1,390	—
29. VII.	119	1480	1,277	1,456	—
31. VII.	126	1540	1,075	1,338	—
2. VIII.	133	1550	0,977	1,123	—
5. VIII.	142	1580	0,930	0,801	—
6. VIII.	145	1570	0,828	0,745	—
8. VIII.	153	1620	0,904	0,821	—
11. VIII.	161	1610	0,795	0,944	—
13. VIII.	168	1630	0,991	0,883	—
15. VIII.	178	1630	0,883	0,724	—
19. VIII.	188	1650	1,091	0,800	—
25. VIII.	210	1680	0,720	0,729	—
1. IX.	233	1650	0,764	0,858	—
10. IX.	261	1720	0,750	0,552	—
Durchschnittswert:			0,945	0,940	
In % d. Normaldurchschnittswertes:			67,4	55,9	

b) Bei 33° C Außentemperatur (Abb. 15).

Zustand: normal.

Datum	Nr. des Versuchs	Körpergewicht d. Tieres in g	Pro kg Körpergewicht u. Stunde abgegeb. Menge		Atemfrequenz pro Minute
			CO_2 in g	H_2O in g	
13. VII.	71	1300	1,653	2,792	fliegend
15. VII.	88	1340	1,373	2,433	,,
21. VII.	102	1430	1,405	1,888	,,
22. VII.	108	1440	1 236	2,562	,,
24. VII.	114	1460	1,438	2,877	,,
Normaldurchschnittswert:			1,421	2,510	

Zustand: thyreoidea- und thymuslos.

Datum der Operation: 26. VII. 19.

Datum	Nr. des Versuchs	Körpergewicht d. Tieres in g	Pro kg Körpergewicht u. Stunde abgegeb. Menge		Atemfrequenz pro Minute
			CO_2 in g	H_2O in g	
28. VII.	118	1460	1,267	2,288	leicht fliegend
31. VII.	128	1540	1,097	2 123	,, ,,
1. VIII.	132	1550	0,993	2,052	,, ,,
5. VIII.	143	1580	0,810	1,709	,, ,,
7. VIII.	151	1590	0,849	1,837	,, ,,
9. VIII.	159	1630	0,828	1,564	170
12. VIII.	167	1620	0,790	1,272	58
14. VIII.	175	1640	0,707	1,561	80—110
16. VIII.	183	1630	0,748	1,313	95
18. VIII.	187	1630	0,603	1,428	140
20. VIII.	195	1630	0,669	1,454	160—180
26. VIII.	217	1640	0,695	1,938	leicht fliegend
2. IX.	236	1670	0,569	1,689	120—130
9. IX.	260	1690	0,604	1,420	59
Durchschnittswert:			0,802	1,689	
In % d. Normaldurchschnittswertes:			56,4	67,3	

Thyreo-thymektomiertes Kaninchen C. II (Abb. 16 u. 17).

a) Bei 23° C Außentemperatur (Abb. 16).

Zustand: normal.

Datum	Nr. des Versuchs	Körpergewicht d. Tieres in g	Pro kg Körpergewicht u. Stunde abgegeb. Menge		Atemfrequenz pro Minute
			CO_2 in g	H_2O in g	
29. VII.	120	1030	1,714	1,709	130
30. VII.	123	1040	1,750	1,817	110
31. VII.	127	1060	1,637	1,670	110
1. VIII.	130	1120	1 982	2,214	100
2. VIII.	135	1100	1,809	1,627	110
4. VIII.	137	1100	1,500	1,364	70
5. VIII.	141	1100	1,605	1,450	100
Normaldurchschnittswert:			1,714	1,693	

Zustand: thyreoidea- und thymuslos.
Datum der Operation: 5. VIII. 19.

Datum	Nr. des Versuchs	Körpergewicht d. Tieres in g	Pro kg Körpergewicht u. Stunde abgegeb. Menge		Atemfrequenz pro Minute
			CO_2 in g	H_2O in g	
6. VIII.	147	1060	1,335	1,330	40—56
8. VIII.	155	1160	1,405	1,164	42
11. VIII.	163	1230	1 219	1,000	44
13. VIII.	171	1250	1,312	1,204	55
15. VIII.	179	1230	1,386	1,048	—
19. VIII.	191	1270	1,213	0,929	42
25. VIII.	212	1360	0,904	0,867	35
29. VIII.	226	1360	0,905	0,934	40
3. IX.	241	1410	1,156	1,227	46
8. IX.	253	1470	0,721	0,735	32
Durchschnittswert:			1,156	1,044	
In % d. Normaldurchschnittswertes:			67,4	61,7	

b) Bei 33° C Außentemperatur (Abb. 17).

Zustand: normal.

Datum	Nr. des Versuchs	Körpergewicht d. Tieres in g	Pro kg Körpergewicht u. Stunde abgegeb. Menge		Atemfrequenz pro Minute
			CO_2 in g	H_2O in g	
30. VII.	124	1040	1,677	3,086	fliegend
31. VII.	129	1060	1,500	2,868	,,
1. VIII.	131	1070	1,561	3,556	,,
4. VIII.	139	1100	1 464	3,191	,,
Normaldurchschnittswert:			1,551	3,175	

Zustand: thyreoidea- und thymuslos.
Datum der Operation: 5. VIII. 19.

Datum	Nr. des Versuchs	Körpergewicht d. Tieres in g	Pro kg Körpergewicht u. Stunde abgegeb. Menge		Atemfrequenz pro Minute
			CO_2	H_2O in g	
7. VIII.	149	1090	1,266	2,606	fliegend
9. VIII.	157	1170	1,167	1,119	„
12. VIII.	166	1240	1,093	1,871	„
14. VIII.	174	1230	1,031	1,724	180
16. VIII.	182	1260	0,849	1,444	180
18. VIII.	186	1320	1,000	1,432	190
21. VIII.	198	1300	0,869	1,484	80—120
23. VIII.	206	1320	0,731	1,621	180
27. VIII.	221	1380	0,622	1,812	140
2. IX.	237	1450	0,789	1,793	160
6. IX.	251	1380	0,700	1,400	90—115
11. IX.	265	1460	0,188	1,336	108—128
Durchschnittswert:			0,911	1,720	
In % d. Normaldurchschnittswertes:			58,7	54,2	

IV. Thymektomierte und nachträglich thyreoidektomierte Tiere.

Wenn die Annahme, Thymus und Thyreoidea seien in bezug auf Kohlensäure- und Wasserabgabe gleichsinnig fördernd wirkende Organe, zu Recht bestehen sollte, so dürfte nach Thymektomie, also nach Wegnahme der geringeren Komponente, ein Ausfall nur gering sein, weil die Schilddrüse vikariierend eintrat. Bei sekundärer Thyreoidea-Exstirpation aber müßte eine rasche Verminderung der Kohlensäure- und Wasserabgabe sich einstellen, eine Überlegung, die durch den Versuch ihre Gültigkeit erlangen sollte.

Kaninchen B. IV zeigt eine geringe Abnahme der fraglichen Werte nach Thymektomie, starken Abfall aber nach Thyreoidektomie.

Für den weitern Verlauf muß gelten, was in einer Sitzung bei thyreothymektomierten Tieren gefunden wurde, nämlich ein Abklingen der Reaktion darf nicht eintreten. Tatsächlich ist aber bei diesem Tier nicht die geringste Zunahme, weder an Kohlensäure noch an Wasser erfolgt, und, wie Kontrollversuche 68 Tage nach der zweiten Operation, d. h. 40 Tage nach dem letzten Versuche dartun, ist der respiratorische Stoffwechsel weder bei 23° noch bei 33° C Außentemperatur gestiegen. Nicht einmal die Respirationsfrequenz, die, als das Tier am 30. VIII. wegen Trächtigkeit ausgeschaltet wurde, 66 pro Minute bei 33° C Außentemperatur betrug, ist stark in die Höhe gegangen. Sie erreichte nur 112 resp. 145 am Ende eines einstündigen Versuches, trotzdem das Tier inzwischen vier lebendige Junge geworfen hatte, die allerdings alle wenige Tage nach der Geburt eingingen, trotzdem es mit Gras gefüttert worden war, im Freien gehalten wurde, und die allgemeine Außentemperatur wesentlich tiefer stand (12—14° C gegenüber 22—24° im August) und die Kontrollversuche in unserem Sinne nur ungünstig hätte beeinflussen können.

Thyreoidektomie nach Thymektomie löst eine markante Abnahme in CO_2 und H_2O-Abgabe aus, die tiefen Werte bleiben konstant unten.

Nebenbei konnte an diesem Tier die wertvolle, wenn auch nicht eigenartige Beobachtung gemacht werden, daß ein thymus- und thyreoidealoses Kaninchen, von einem thyreo-thymektomierten Männchen gedeckt, lebendige Junge zur Welt bringen kann. Kaninchen B. IV weiblich und C. I männlich waren allein in der gleichen Abteilung. B. IV wurde ekthymiert am 17. VII. 19, thyreoidektomiert am 5. VIII. 19. C. I, das Männchen, wurde thyreo-thymektomiert am 26. VII. 19. Die Geburt fand statt in der Nacht vom 2.—3. IX. Wird die Trächtigkeitsdauer des Kaninchens mit 4 Wochen angenommen, so fällt die Konzeption auf den 6. VIII. 1919, in eine Zeit also, da sowohl B. IV wie C. I ohne Thymus und Schilddrüse waren. An den Jungen war äußerlich nichts Abnormales auffallend.

Ekthymiertes und thyreoidektomiertes Kaninchen B IV
(Blatt 12 u. 13).

a) Bei 23° C Außentemperatur (Abb. 12).

Zustand: normal.

Datum	Nr. des Versuchs	Körpergewicht d. Tieres in g	Pro kg Körpergewicht u. Stunde abgegeb. Menge		Atemfrequenz pro Minute
			CO_2 in g	H_2O in g	
11. VII.	62	1270	1,354	1,606	—
14. VII.	74	1340	1,395	1,351	—
15. VII.	81	1350	1,481	1,674	—
16. VII.	97	1360	1,401	1,792	—
Normaldurchschnittswert:			1,408	1,606	

Zustand: thymuslos.
Datum der Operation: 17. VII. 19.

Datum	Nr. des Versuchs	Körpergewicht d. Tieres in g	Pro kg Körpergewicht u. Stunde abgegeb. Menge		Atemfrequenz pro Minute
			CO_2 in g	H_2O in g	
22. VII.	105	1450	1,607	1,614	—
23. VII.	110	1450	1 362	1,397	—
24. VII.	113	1460	1,353	1,370	—
28. VII.	115	1500	1,437	1,387	—
30. VII.	122	1540	1,354	1,299	—
2. VIII.	134	1530	1,200	1,118	—
4. VIII.	138	1550	1,209	1,019	—
Durchschnittswert:			1,360	1,315	
In % d. Normaldurchschnittswertes:			96,6	81,8	

Zustand: thymus- und thyreoidealos.

Datum der Operation: 5. VIII. 19.

Datum	Nr. des Versuchs	Körpergewicht d. Tieres in g	Pro kg Körpergewicht u. Stunde abgegeb. Menge		Atemfrequenz pro Minute
			CO_2 in g	H_2O in g	
6. VIII.	146	1560	1,276	1,032	26
8. VIII.	152	1630	1,343	1,110	—
11. VIII.	162	1690	1,192	1,154	—
13. VIII.	169	1720	1,263	0,927	23
19. VIII.	189	1860	1,226	0,752	28
25. VIII.	209	1970	0,979	0,558	28
30. VIII.	228	2000	0,760	0,655	23—32
Durchschnittswert:			1,148	0,884	
In % d. Normaldurchschnittswertes:			81,5	55,0	

Kontrollversuche.

Datum	Nr. des Versuchs	Körpergewicht d. Tieres in g	Pro kg Körpergewicht u. Stunde abgegeb. Menge		Atemfrequenz pro Minute
			CO_2 in g	H_2O in g	
10. X.	341	1870	0,765	0,653	30
13. X.	347	1860	0,828	0,871	24
14. X.	351	1870	0,781	0,701	24
Durchschnittswert:			0,791	0,742	
In % d. Normaldurchschnittswertes:			56,2	46,2	

b) Bei 33° C Außentemperatur (Abb. 13).

Zustand: normal.

Datum	Nr. des Versuchs	Körpergewicht d. Tieres in g	Pro kg Körpergewicht u. Stunde abgegeb. Menge		Atemfrequenz pro Minute
			CO_2 in g	H_2O in g	
13. VII.	70	1290	1,294	2,700	fliegend
15. VII.	86	1350	1,319	2,644	,,
16. VII.	93	1360	1,412	2,287	,,
Normaldurchschnittswert:			1,342	2,544	

Zustand: thymuslos.
Datum der Operation: 17. VII. 19.

Datum	Nr. des Versuchs	Körpergewicht d. Tieres in g	Pro kg Körpergewicht u. Stunde abgegeb. Menge		Atemfrequenz pro Minute
			CO_2 in g	H_2O in g	
21. VII.	103	1440	1,242	2 236	190
22. VII.	109	1450	1 324	2,276	170
23. VII.	112	1450	1,331	2,562	fliegend
28. VII.	117	1500	1,337	2,520	,,
30. VII.	125	1540	1,227	2,097	190
2. VIII.	136	1530	1,206	2,314	190
4. VIII.	140	1550	1,181	2,129	190
Durchschnittswert:			1,264	2,305	
In % d. Normaldurchschnittswertes:			94,2	90,6	

Zustand: thymus- und thyreoidealos.
Datum der Operation: 5. VIII. 19.

Datum	Nr. des Versuchs	Körpergewicht d. Tieres in g	Pro kg Körpergewicht u. Stunde abgegeb. Menge		Atemfrequenz pro Minute
			CO_2 in g	H_2O in g	
7. VIII.	150	1590	1,163	2,126	190
9. VIII.	158	1650	1,064	1,791	100
12. VIII.	164	1700	0,915	1,765	168
14. VIII.	172	1750	0,829	1,506	135
16. VIII.	180	1820	0,796	1,143	95
18. VIII.	184	1810	0,696	1,204	80—85
21. VIII.	196	1900	0,721	1,221	60—70
27. VIII.	222	1970	0,642	1,005	66
Durchschnittswert:			0,850	1,471	
In % d. Normaldurchschnittswertes:			63,3	57,8	

Kontrollversuche.

Datum	Nr. des Versuchs	Körpergewicht d. Tieres in g	Pro kg Körpergewicht u. Stunde abgegeb. Menge		Atemfrequenz pro Minute
			CO_2 in g	H_2O in g	
11. X.	346	1860	0,715	1,194	100—112
14. X.	353	1870	0,754	1,412	145
Durchschnittswert:			0,735	1,303	
In % d. Normaldurchschnittswertes:			54,8	51,2	

V. Thyreo- und nachträglich thymektomierte Tiere.

Ausgeführt wurde diese Versuchsreihe, um zu wissen, ob nach Thyreoidektomie Thymektomie einen weiteren Abfall in Kohlensäure- und Wasserausscheidung bewirken könne, und nicht zuletzt sollte sie, sowohl direkt als indirekt, den fördernden Einfluß der Thymus bestätigen.

Bei nachträglicher Thymektomie thyreoidealoser Kaninchen tritt eine erneute Senkung der CO_2- und H_2O-Abgabe nicht ein. Die Thymusexstirpation verhindert aber das Abklingen der Reaktion. Die Kohlensäure- und Wasserausscheidung bleibt auf der tiefsten Stufe, wie sie nach Thyreoidektomie war, stehen, und kein einziger Wert erreicht auch nur annähernd die Höhe der beim Normaltier gefundenen.

Thyreoidektomiertes und ekthymiertes Kaninchen A. I
(Abb. 1 u. 2).

a) Bei 25° C Außentemperatur (Abb. 1).

Zustand: normal.

Datum	Nr. des Versuchs	Körpergewicht d. Tieres in g	Pro kg Körpergewicht u. Stunde abgegeb. Menge		Atemfrequenz pro Minute
			CO_2 in g	H_2O in g	
20. VIII.	192	1420	1,327	1,187	40—44
22. VIII.	202	1440	1,233	1,153	35
26. VIII.	213	1500	1,170	1,000	40
29. VIII.	223	1500	1,057	1,030	38
1. IX.	234	1540	1,240	1,331	36
Normaldurchschnittswert:			1,205	1,140	

Zustand: thyreoidealos.
Datum der Operation: 3. IX. 19.

Datum	Nr. des Versuchs	Körpergewicht d. Tieres in g	Pro kg Körpergewicht u. Stunde abgegeb. Menge		Atemfrequenz pro Minute
			CO_2 in g	H_2O in g	
5. IX.	246	1570	1,077	1,045	35
8. IX.	254	1550	1,065	0,852	35
10. IX.	263	1610	1,155	0,876	34
12. IX.	170	1640	1,009	0,798	33—36
15. IX.	277	1680	0,798	0,729	35
17. IX.	285	1660	0,798	0,681	32
19. IX.	292	1690	0,834	0,751	31—40
Durchschnittswert:			0,962	0,819	
In % d. Normaldurchschnittswertes:			79,8	71,8	

Zustand: **thyreoidea- und thymuslos.**
Datum der Operation: 20. IX. 19.

Datum	Nr. des Versuchs	Körpergewicht d. Tieres in g	Pro kg Körpergewicht u. Stunde abgegeb. Menge		Atemfrequenz pro Minute
			CO_2 in g	H_2O in g	
22. IX.	298	1690	0,805	0,799	32—42
24. IX.	305	1690	0,749	0,763	36
26. IX.	313	1700	0,803	0,694	38
29. IX.	320	1730	0,798	0,803	36
2. X.	327	1710	0,792	0,754	33—40
4. X.	332	1690	0,801	0,739	34
7. X.	336	1750	0,866	0,863	32
10. X.	343	1710	0,772	0,643	30—36
13. X.	349	1690	0,787	0,639	30
17. X.	356	1640	0,841	0,689	28
21. X.	360	1740	0,822	0,713	30
Durchschnittswert:			0,803	0,736	
In % d. Normaldurchschnittswertes:			66,6	64,6	

b) Bei 33° C Außentemperatur (Abb. 2). Zustand: **normal.**

Datum	Nr. des Versuchs	Körpergewicht d. Tieres in g	Pro kg Körpergewicht u. Stunde abgegeb. Menge		Atemfrequenz pro Minute
			CO_2 in g	H_2O in g	
21. IX.	201	1420	1,007	2,268	fliegend
23. IX.	205	1440	1,146	2,514	,,
27. IX.	218	1510	1,235	2,589	,,
30. IX.	229	1520	1,138	2,336	,,
2. X.	239	1520	1,178	2,454	,,
Normaldurchschnittswert:			1,141	2,432	

Zustand: **thyreoidealos.**
Datum der Operation: 3. IX. 19.

Datum	Nr. des Versuchs	Körpergewicht d. Tieres in g	Pro kg Körpergewicht u. Stunde abgegeb. Menge		Atemfrequenz pro Minute
			CO_2 in g	H_2O in g	
6. IX.	249	1580	1,089	2,089	fliegend
9. IX.	258	1580	0,987	1,747	180
11. IX.	266	1610	0,708	1,478	120—150
13. IX.	273	1670	0,922	1,497	100—180
16. IX.	281	1650	0,836	1,261	160—180
18. IX.	287	1670	0,626	1,317	125—185
20. IX.	295	1690	0,680	1,521	56—185
Durchschnittswert:			0,835	1,559	
In % d. Normaldurchschnittswertes:			73,2	64,1	

Zustand: thyreoidea und thymuslos.

Datum der Operation: 20. IX. 19.

Datum	Nr. des Versuchs	Körpergewicht d. Tieres in g	Pro kg Körpergewicht u. Stunde abgegeb. Menge		Atemfrequenz pro Minute
			CO_2 in g	H_2O in g	
23. IX.	301	1690	0,701	1,449	96—190
25. IX.	307	1720	0,802	1,395	66—180
27. IX.	316	1710	0,787	1,333	180
30. IX.	322	1720	0,715	1,201	48—180
3. X.	329	1710	0,731	1,386	116—fliegend
6. X.	334	1730	0,789	1,283	60—190
9. X.	338	1750	0,757	1,811	fliegend
11. X.	345	1710	0,743	1,380	60—180
14. X.	352	1680	0,779	1,190	58—180
18. X.	358	1680	0,791	1,176	36—190
21. X.	362	1740	0,851	1,075	36—190
Durchschnittswert:			0,768	1,334	
In % d. Normaldurchschnittswertes:			67,3	54,8	

Thyreoidektomiertes und ekthymiertes Kaninchen A. II
(Abb. 3 u. 4).

a) Bei 23° C Außentemperatur (Abb. 3).

Zustand: normal.

Datum	Nr. des Versuchs	Körpergewicht d. Tieres in g	Pro kg Körpergewicht u. Stunde abgegeb. Menge		Atemfrequenz pro Minute
			CO_2 in g	H_2O in g	
6. VIII.	144	1160	1,280	0,914	44
8. VIII.	154	1210	1,438	1,091	50
11. VIII.	160	1290	1,291	1,116	46
13. VIII.	170	1290	1,221	0,892	53
15. VIII.	177	1360	1,360	0,971	44
19. VIII.	190	1350	1,204	0,937	45—56
25. VIII.	211	1510	1,066	0,848	30
29. VIII.	227	1530	0,961	1,105	36—40
1. IX.	232	1590	1,182	1,050	40
Normaldurchschnittswert:			1,223	0,992	

Zustand: thyreoidealos.
Datum der Operation: 3. IX. 19.

Datum	Nr. des Versuchs	Körpergewicht d. Tieres in g	Pro kg Körpergewicht u. Stunde abgegeb. Menge		Atemfrequenz pro Minute
			CO$_2$ in g	H$_2$O in g	
5. IX.	245	1540	0,919	0,800	32—34
8. IX.	252	1610	0,925	0,894	33
10. IX.	262	1720	1,041	0,814	43
12. IX.	268	1710	1,164	0,778	46
15. IX.	275	1750	0,977	0,657	35
17. IX.	284	1740	0,828	0,770	35
19. IX.	291	1800	0,786	0,800	36—41
Durchschnittswert:			0,949	0,788	
In % d. Normaldurchschnittswertes:			77,6	79,4	

Zustand: thyreoidea- und thymuslos.
Datum der Operation: 20. IX. 19.

Datum	Nr. des Versuchs	Körpergewicht d. Tieres in g	Pro kg Körpergewicht u. Stunde abgegeb. Menge		Atemfrequenz pro Minute
			CO$_2$ in g	H$_2$O in g	
22. IX.	296	1770	0,808	0,650	32—42
24. IX.	303	1770	0,788	0,701	35
26. IX.	312	1750	0,897	0,811	36
29. IX.	318	1810	0,931	0,939	36
2. X.	325	1830	0,877	0,710	—
4. X.	331a	1820	0,780	0,775	45
Durchschnittswert:			0,847	0,764	
In % d. Normaldurchschnittswertes:			69,3	77,0	

b) Bei 33° C Außentemperatur (Abb. 4).
Zustand: normal.

Datum	Nr. des Versuchs	Körpergewicht d. Tieres in g	Pro kg Körpergewicht u. Stunde abgegeb. Menge		Atemfrequenz pro Minute
			CO$_2$ in g	H$_2$O in g	
7. VIII.	148	1170	1,286	2,423	fliegend
9. VIII.	156	1200	1,229	2,563	,,
12. VIII.	165	1290	1,248	2,132	,,
14. VIII.	173	1300	1,173	2,100	,,
16. VIII.	181	1360	1,173	2,015	,,
18. VIII.	185	1420	1,254	2,000	,,
21. VIII.	197	1430	1,087	2,112	,,
26. VIII.	216	1500	1,073	2,377	,,
2. IX.	238	1560	1,029	2,282	,,
Normaldurchschnittswert:			1,172	2,223	

Zustand: thyreoidealos.
Datum der Operation: 3. IX. 19.

Datum	Nr. des Versuchs	Körpergewicht d. Tieres in g	Pro kg Körpergewicht u. Stunde abgegeb. Menge		Atemfrequenz pro Minute
			CO_2 in g	H_2O in g	
6. IX.	248	1570	1,009	1,981	170
9. IX.	257	1670	0,814	1,617	130
11. IX.	267	1700	0,941	1,512	126—130
13. IX.	272	1710	0,725	1,491	180
16. IX.	280	1780	0,680	1,219	68—135
18. IX.	286	1790	0,667	1,243	98—126
Durchschnittswert:			0,806	1,511	
In % d. Normaldurchschnittswertes:			68,8	68,0	

Zustand: thyreoidea- und thymuslos.
Datum der Operation: 20. IX. 19.

Datum	Nr. des Versuchs	Körpergewicht d. Tieres in g	Pro kg Körpergewicht u. Stunde abgegeb. Menge		Atemfrequenz pro Minute
			CO_2 in g	H_2O in g	
23. IX.	300	1760	0,679	1,381	140—160
25. IX.	310	1760	0,716	1,364	100—180
27. IX.	315	1770	0,664	1,376	116—120
30. IX.	321	1800	0,683	1,406	160—180
3. X.	328	1820	0,761	1,602	190
6. X.	333	1820	0,761	1,538	160—180
Durchschnittswert:			0,711	1,445	
In % d. Normaldurchschnittswertes:			60,7	65,0	

Respirationsfrequenzen und Rectaltemperaturen.

Allgemein ist zu bemerken, daß die Respirationsfrequenz bei verschiedenen Kaninchen bei Normaltemperatur eine ziemlich schwankende ist, beim einzelnen Tier aber relativ konstant.

Die Zählung der Atemzüge fand während eines Versuches 2—3 mal statt, d. h. nach einer halben Stunde nach Beginn und am Ende, immer dann, wenn die Tiere ruhig dalagen. Dabei wurden folgende Werte gefunden.

Zahl der Atemzüge bei:

	23° C	33° C
Kaninchen A. I	30—44	fliegend
„ A. II	32—46	„
„ B. II	42—100	„
„ B. III	34—100	„
„ B. IV	23—30	„
„ C. I	27—33	„
„ C. II	32—46	„

Der Durchschnitt betrug also bei 23° C Außentemperatur 30—40 Atemzüge pro Minute und es konnte bezüglich der Zahl nach Operation kein nennenswerter Unterschied wahrgenommen werden.

Anders nun bei 33° C Außentemperatur; während Normaltiere ohne Ausnahme schon nach 2—5 Minuten ausgeprägte Hitzepolypnoe, sog. fliegende Atmung (d. h. unzählbar, über 190 pro Minute) aufwiesen, dabei lang ausgestreckt in der Respirationskammer lagen, trat nun bei allen fünf thyreoidektomierten Kaninchen, eine gewisse Zeit nach der Operation eine auffallende Änderung in der Raschheit der Atmung auf, die allerdings verschieden stark ausgeprägt war und einen etwas verschiedenen Verlauf nahm. 4—14 Tage nach der Schilddrüsenwegnahme waren die ersten Erscheinungen einer verlangsamten Respirationsfrequenz wahrnehmbar. Wenn die Atmung am Ende eines Versuches hier und da noch fliegend war, so ging es doch viel länger, meist über eine halbe Stunde, bis sie sich entwickelte und die Tiere erholten sich rasch, sobald sie den Apparat verlassen hatten. Noch nach einer halben Stunde Aufenthalt im Respirationskasten hatten Tiere Atemfrequenzen von 34—50—60 pro Minute, nach einstündigem Versuch war sie meist auf 160—180 gestiegen, eventuell auch wieder fliegend geworden. Die tiefsten diesbezüglichen Zahlen weisen auf Kaninchen B. IV mit 66, C. II mit 115, A. II mit 120 und A. I mit 150 (Abb. 18—21).

Diese frappante Verminderung der Zahl der Atemzüge bei hoher Außentemperatur dauerte bei Kaninchen B. IV noch nach 70 Tagen nach der Operation an, wo es nach 60 Minuten während dem Versuch Werte von 112 resp. 145 aufwies. Auch bei sämtlichen anderen Tieren war dieser Rückgang in der Zahl der Atemzüge mit Unterbruch von einzelnen Tagen und da auch nur in einer früher einsetzenden beschleunigten Respiration bis zu den Schlußversuchen immer vorhanden.

Sicher ist dieses Phänomen auf Thyreoidektomie zurückzuführen, ob auch die Thymektomie einen kleinen Anteil daran hat, ist nicht ohne weiteres auszuschließen; ein einziges Tier, B. IV, hat auf Thymusausschaltung einmal eine Respirationsfrequenz nach stündigem Versuch von 170 aufgewiesen. Ob gestützt auf diese einzige Beobachtung aber dem Ausfall der Thymus eine Mitbeteiligung am Phänomen beizumessen ist, bleibt fraglich. Aus dem aber in verschiedenen Beziehungen z. T. nachgewiesenen, z. T. nur behaupteten funktionellen Zusammenhang der beiden Organe ist eine gewisse Mithilfe nicht von vornherein von der Hand zu weisen.

Gesetzmäßige Folge ist, daß Kaninchen nach vollständiger Thyreoidektomie und Thyreoithymektomie bei 33° C Außentemperatur mit einer Abnahme der Respirationsfrequenz reagieren (Abb. 18—21), oder in weniger ausgesprochenen Fällen zum mindesten eine viel längere Zeit zur Entwicklung der Hitzepolypnoe brauchen (Abb. 22; die Kurven b u. c stammen vom Kaninchen A. I, thyreoidektomiert und thymektomiert aufgenommen, während Versuch 358 u. 362).

Ob dieses Phänomen auf einer verminderten Erregbarkeit des Atemzentrums, d. h. auf nervöser Grundlage oder auf einer geringeren Wärmeproduktion oder auf gesteigerter Wärmeabgabe beruht, darüber können die an den betreffenden Tieren vor und nach dem jeweiligen Versuch aufgenommenen Rectaltemperaturen vielleicht etwelchen Aufschluß geben; die Frage wird aber auf calorimetrischem Wege oder durch Untersuchungen am Atem- und Wärmezentrum selbst ihre endgültige Lösung erfahren.

Zusammenstellung der Rectaltemperaturen bei 33° C. Außentemperaturen vor und nach dem Versuch gemessen.

1. Thymektomierte Tiere:
Kaninchen B. II: normal.

Nr. des Versuchs	Rectaltemperatur vor d. Versuch	nach d. Versuch	Diff.	Resp.-Frequ.
199	39,4	40,3	0,9	fliegend
208	39,7	40,5	0,8	,,
220	39,7	40,5	0,8	,,
231	39,5	40,3	0,8	,,
247	40,0	41,0	1,0	,,
259	39,9	40,7	0,8	,,

Zustand: thymuslos.

Nr. des Versuchs	Rectaltemperatur vor d. Versuch	nach d. Versuch	Diff.	Resp.-Frequ.
278	39,9	40,7	0,8	fliegend
289	39,9	40,5	0,6	,,
299	39,9	41,5	1,6	,,

B. III: normal.

Nr. des Versuchs	Rectaltemperatur vor d. Versuch	nach d. Versuch	Diff.	Resp.-Frequ.
274	39,6	40,3	0,7	fliegend
282	39,4	40,7	1,3	,,
288	39,3	40,5	1,2	,,
294	39,5	40,9	1,4	,,

thymuslos.

Nr. des Versuchs	Rectaltemperatur vor d. Versuch	nach d. Versuch	Diff.	Resp.-Frequ.
302	39,6	40,8	1,2	fliegend
309	39,5	40,7	1,2	,,
317	39,3	40,5	1,2	,,
363	39,5	40,7	1,2	,,
330	39,6	40,8	1,2	,,
335	39,5	40,5	1,0	,,
339	39,4	40,4	1,0	,,

2. Thyreo-thymektomierte Tiere.

Kaninchen B. IV: thymus- und thyreoidealos.

Nr. des Versuchs	Rectaltemperatur vor d. Versuch	nach d. Versuch	Diff.	Resp.-Frequ.
346	38,6	39,5	0,9	112
353	38,7	39,6	0,9	145

Kaninchen C. I: thyreoidea- und thymuslos.

Nr. des Versuchs	Rectaltemperatur vor d. Versuch	nach d. Versuch	Diff.	Resp.-Frequ.
187	38,7	39,5	0,8	140
217	39,1	39,4	0,3	190

Kaninchen C. II: thyreoidea- und thymuslos.

Nr. des Versuchs	Rectaltemperatur vor d. Versuch	nach d. Versuch	Diff.	Resp.-Frequ.
186	40,0	40,6	0,6	190
198	39,3	39,8	0,5	80—120
206	39,7	40,0	0,3	180
221	38,9	39,8	0,9	140
237	39,1	39,8	0,5	160
251	39,0	39,8	0,8	90—115

Kaninchen A. I: normal.

Nr. des Versuchs	Rectaltemperatur vor d. Versuch	nach d. Versuch	Diff.	Resp.-Frequ.
201	39,4	40,1	0,7	fliegend
205	39,4	40,3	0,9	,,
229	39,3	40,1	0,8	,,
239	39,3	40,4	1,1	,,

thyreoidealos.

Nr. des Versuchs	Rectaltemperatur vor d. Versuch	nach d. Versuch	Diff.	Resp.-Frequ.
249	39,4	40,0	0,6	fliegend
258	39,4	40,0	0,6	180
266	39,7	40,0	0,3	120—150
273	39,6	39,7	0,1	100—180
281	39,4	39,7	0,3	160—180
287	39,3	39,7	0,4	125—185
295	39,2	39,7	0,5	56—185

thyreoidea- und thymuslos.

Nr. des Versuchs	Rectaltemperatur vor d. Versuch	nach d. Versuch	Diff.	Resp.-Frequ.
301	39,4	39,8	0,4	96—190
307	39,0	39,6	0,6	66—180
316	39,2	39,7	0,5	180
322	39,0	39,5	0,5	48—180
349	38,5	39,8	1,3	116—fliegend
334	39,3	39,8	0,5	60—190
338	39,1	40,1	1,0	fliegend
345	39,1	40,0	0,9	60—180
352	38,7	40,4	1,7	58—180

Kaninchen A. II: normal.

Nr. des Versuchs	Rectaltemperatur vor d. Versuch	nach d. Versuch	Diff.	Resp.-Frequ.
185	39,5	41,3	1,8	fliegend
197	39,6	40,6	1,0	,,
216	39,5	41,4	1,9	,,
238	39,3	40,6	1,3	,,

thyreoidealos.

Nr. des Versuchs	Rectaltemperatur vor d. Versuch	nach d. Versuch	Diff.	Resp.-Frequ.
248	39,7	40,8	1,1	170
267	39,9	40,5	0,6	126—130
272	39,7	40,3	0,6	180
280	39,7	40,2	0,5	68—135
286	39,5	40,1	0,6	98—126

thyreoidea- und thymuslos.

Nr. des Versuchs	Rectaltemperatur vor d. Versuch	nach d. Versuch	Diff.	Resp.-Frequ.
300	39,5	40,6	0,9	140—160
310	39,2	40,0	0,8	100—180
315	39,2	40,5	1,3	116—120
321	39,0	39,9	0,9	160—180
328	39,4	40,1	0,7	190
333	38,3	39,3	1,0	160—180

Durchschnitte.

1. Zustand: normal.

Kaninchen	Rectaltemperatur vor d. Versuch	nach d. Versuch	Differenz
B. II	39,7	40,55	0,85
B. III	39,45	40,6	1,15
A. I	39,35	40,22	0,87
A. II	39,48	40,98	1,5

2. Zustand: thymuslos.

Kaninchen	Rectaltemperatur vor d. Versuch	nach d. Versuch	Differenz
B. II	39,9	40,9	1,0
B. III	39,49	40,63	1,14

3. Zustand: thyreoidealos.

Kaninchen	Rectaltemperatur vor d. Versuch	nach d. Versuch	Differenz
A. I	39,43	39,83	0,4
A. II	39,7	40,38	0,68

4. Zustand: thymus- und thyreoidealos.

Kaninchen	Rectaltemperatur vor d. Versuch	nach d. Versuch	Differenz
A. I	39,03	39,85	0,82
A. II	39,1	40,03	0,93
B. IV	38,65	39,55	0,9
C. I	38,9	39,45	0,55
C. II	39,33	39,93	0,6

Aus obigen Zusammenstellungen lassen sich folgende Tatsachen feststellen:

1. Alle Normaltiere haben vor dem Versuch eine durchschnittliche Rectaltemperatur von 39,5° C, sie steigt nach stündigem Versuch bei 33° C auf ca. 40,5° C, d. h. um 1°.

2. Thymektomierte Tiere weisen vor und nach der Operation gleiche Temperaturen, wie normal, folglich auch gleiche Differenzen auf.

3. Thyreoidealose Tiere zeigen nach dem Versuch um 0,4 resp. 0,6° C kleinere Durchschnittswerte als normal, die Differenz ist um mehr als die Hälfte des Normalen gesunken.

4. Bei allen thyreo-thymektomierten Tieren sind die Durchschnittstemperaturen tiefer, sowohl vor als auch nach dem Versuch, wo alle unter 40,0° C sind.

Große Schlüsse können aus diesen Wärmemessungen nicht gezogen werden, indem bei sich sträubenden Tieren, mit Rücksicht auf die eigentliche Aufgabe der Arbeit systematische Messungen nicht vorgenommen werden konnten. Immerhin seien die Tabellen angegeben und lassen vielleicht im Verein mit anderen diesbezüglichen Untersuchungen doch noch eine Bewertung zu.

So wie die Sache gegenwärtig steht, möchte ich zur Erklärung des Respirationsphänomens in Kombination mit den Ergebnissen der Wärmemessung, die Möglichkeit einer gesteigerten Wärmeabgabe und daraus sich ergebender geringerer Erwärmung des Organismus, was seinerseits wieder einen schwächeren Reiz für das Atemzentrum bilden würde, von vornherein außer Betracht lassen. Ein Temperaturunterschied von 0,5° kann kaum eine solch hochgradige Atemfrequenzänderung hervorrufen. Zudem ist die vermehrte Wärmeabgabe aus folgender Überlegung auszuschließen. Die Wärmeabgabe beim Kaninchen vollzieht sich, da dieses Tier bekanntlich nicht Schweiß absondern kann, im wesentlichen durch die Atmung, d. h. durch die Wasserabgabe. Diese ist aber, wie aus den Versuchen deutlich ersichtlich, nach Thyreoidektomie stark reduziert, ein großer Calorienverlust auf diesem Wege folglich ausgeschlossen. Auch an eine mächtige Weitung der peripheren Gefäße, verbunden mit großem Wärmeverlust, ist hier schwerlich zu denken.

Vielmehr bleibt die Möglichkeit einer nervösen Beeinflussung d. h. einer abgeschwächten Erregbarkeit des Atemzentrums, wahrscheinlich.

Sehr plausibel ist übrigens auch, nach den allgemein auf Thyreo-Thymektomie gesunkenen Temperaturen geschlossen, die Annahme der verminderten Wärmeproduktion; die beiden Faktoren, geringe Kohlensäureabgabe und gesunkene Mastdarmtemperatur stimmen noch am besten überein. Maßgebend wird aber erst eine Untersuchung am Wärmezentrum selbst sein.

Die Resultate.

Die Ergebnisse dieser Arbeit können im folgenden kurz zusammengefaßt werden:

1. Kaninchen sind für Stoffwechseluntersuchungen nicht ungeeignete Tiere; sie ertragen Thyreoidektomie und Thymektomie sehr gut.

2. Kaninchen reagieren auf Thyreoidektomie mit einer starken Abnahme der Kohlensäure- und Wasserabgabe.

3. Auf bloße Thymektomie zeigen sich Kaninchen in bezug auf CO_2 und H_2O-Abgabe sozusagen refraktär; es tritt nur eine kleine Verminderung ein.

4. Gleichzeitige Schilddrüsen- und Thymusexstirpation hat

eine sehr starke Abnahme der Kohlensäure und Wasserabgabe zur Folge, ein Abklingen der Reaktion tritt nicht ein.

5. Thyreoidektomie nach Thymektomie löst eine markante Abnahme der Kohlensäure und Wasserausscheidung aus; die tiefen Werte bleiben konstant.

6. Thymektomie nach Thyreoidektomie kann keine erneute Senkung hervorrufen; wohl aber verhindert sie das Abklingen der Reaktion, wie sie nach Schilddrüsenwegnahme allein auftritt.

7. Diese Tatsachen sind die ersten experimentellen Beweise, daß Thymus und Thyreoidea in ihrer Funktion in gegenseitig förderndem Verhältnis stehen. Das gilt vorläufig für das Kaninchen. Falls diese Befunde verallgemeinert werden dürfen, haben sie nicht nur große Bedeutung für die Physiologie, sondern auch für die Pathologie, speziell die ganze Basedow-Lehre.

8. Schilddrüsenlose und schilddrüsen- und thymuslose Kaninchen zeigen bei erhöhter Außentemperatur (33° C) eine wesentliche Abnahme der Respirationsfrequenz; die Hitzepolypnoe stellt sich oft erst nach einer Stunde ein, oft überhaupt nicht, d. h. die Tiere sind gegen hohe Wärmegrade viel weniger empfindlich.

Literatur.

[1]) Danoff, Der Einfluß der Milz auf den respiratorischen Stoffwechsel. Diese Zeitschr. **93**, H. 1 u. 2. — [2]) Hauri, Das Verhalten der Kohlensäure und Wasserausscheidung des schilddrüsen- und milzlosen Kaninchens bei normaler und erhöhter Außentemperatur. Diese Zeitschr. Bd. **98**, H. 1, 2 u. 3. 1919. — [3]) Boldyreff, zit. nach Hauri. — [4]) Friedleben, Die Physiologie der Thymusdrüse in Gesundheit und Krankheit vom Standpunkte experimenteller Erforschung und klinischer Erfahrung. Frankfurt 1858. — [5]) Matti, Physiologie und Pathologie der Thymusdrüse. Berlin 1913. — [6]) Basch, zit. nach Matti. — [7]) J. Haldane, A new form of Apparatus for measuring the Respiratory Exchange of Animals. Journ. of physiol. **12**, 419. — [8]) Krause, Die Anatomie des Kaninchens. Leipzig 1884. — [9]) Klose und Vogt, Klinik und Biologie der Thymusdrüse. Beitr. z. klin. Chir. **79**. 1910. Zit. nach Matti. — [10]) Söderlund und Backmann, Studien über die Thymusinvolution. Die Altersveränderungen der Thymusdrüse beim Kaninchen. Arch. f. mikr. Anat. **73**. 1909. Zit. nach Matti. — [11]) Groschuff, zit. nach Matti.

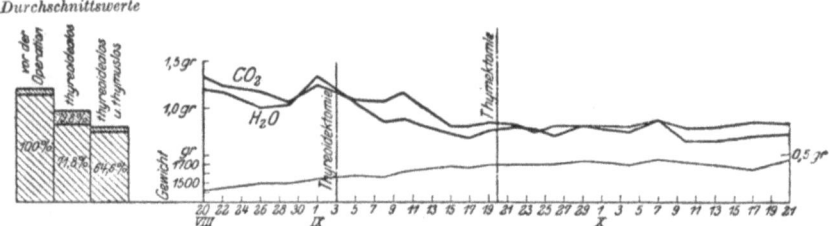

Abb. 1. Kaninchen A. I, thyreoidektomiert und thymektomiert bei 25° C.

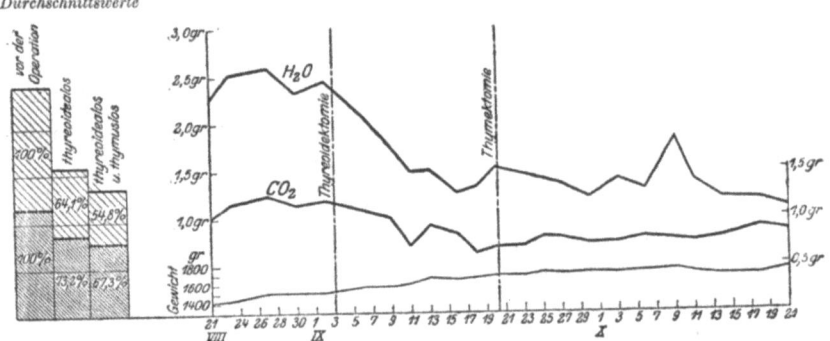

Abb. 2. Kaninchen A. I, thyreoidektomiert und thymektomiert bei 33° C.

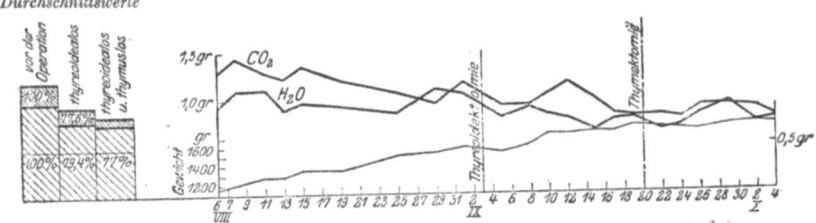

Abb. 3. Kaninchen A. II, thyreoidektomiert und thymektomiert bei 23° C.

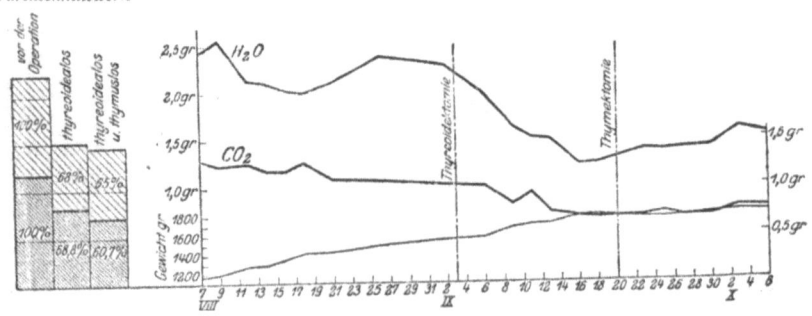

Abb. 4. Kaninchen A. II, thyreoidektomiert und thymektomiert bei 33° C.

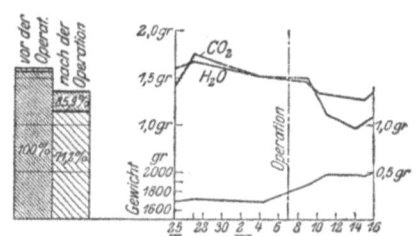

Abb. 5. Kaninchen B. I, thymektomiert bei 23° C. Abb. 6. Kaninchen B. I, thymektomiert bei 27° C.

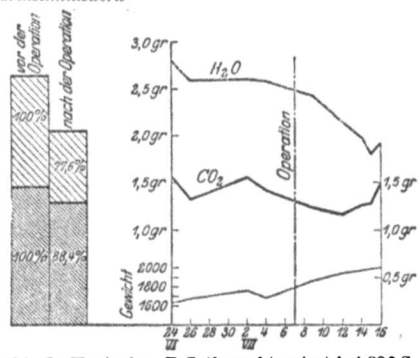

Abb. 7. Kaninchen B. I, thymektomiert bei 33° C.

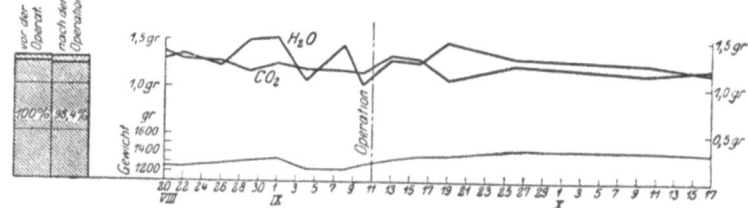

Abb. 8. Kaninchen B. II, thymektomiert bei 25° C.

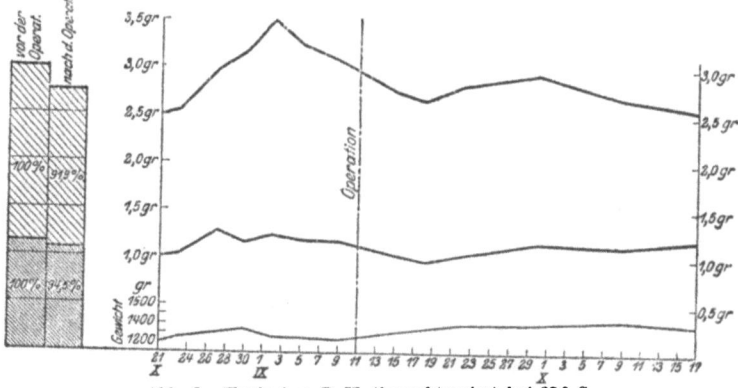

Abb. 9. Kaninchen B. II, thymektomiert bei 33° C.

— 40 —

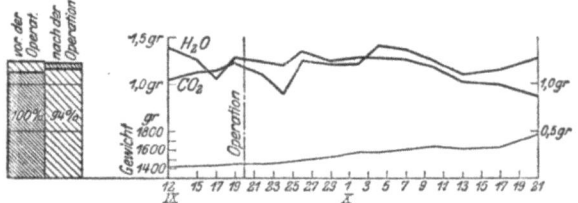

Abb. 10. Kaninchen B. III, thymektomiert bei 23° C.

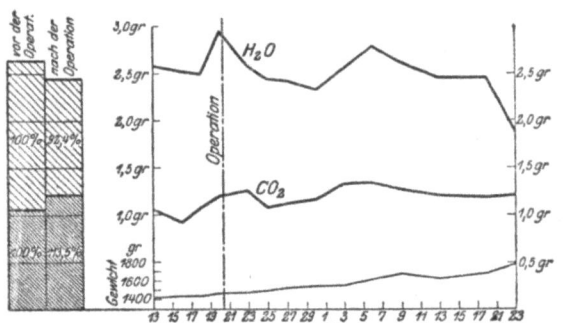

Abb. 11. Kaninchen B. III, thymektomiert bei 33° C.

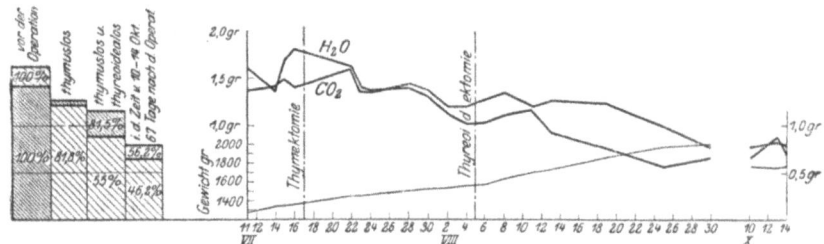

Abb. 12. Kaninchen B. IV, thymektomiert und thyreoidektomiert bei 23° C.

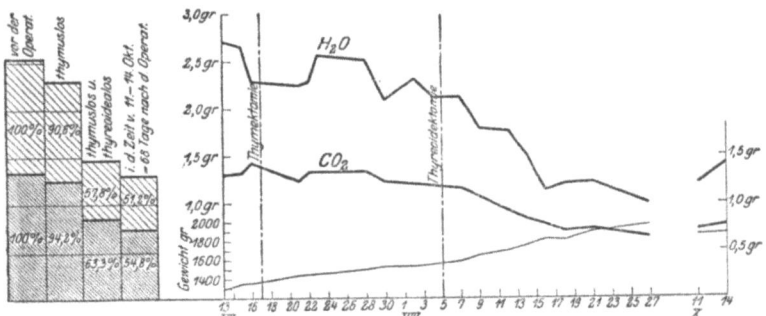

Abb. 13. Kaninchen B. IV, thymektomiert und thyreoidektomiert bei 33° C.

— 41 —

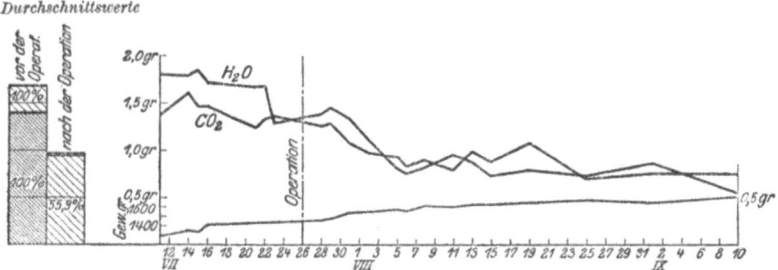

Abb. 14. Kaninchen C. I, thymektomiert und thyreoidektomiert bei 23° C.

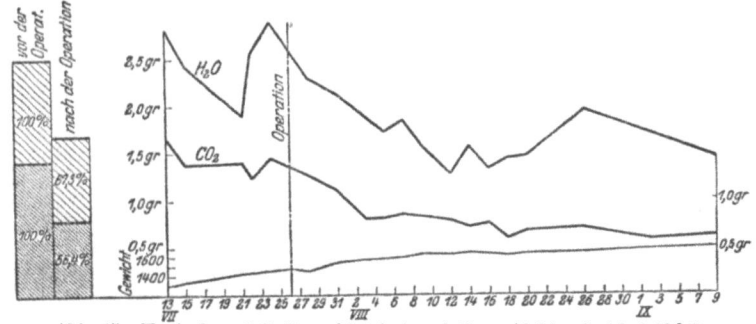

Abb. 15. Kaninchen C. I, thymektomiert und thyreoidektomiert bei 33° C.

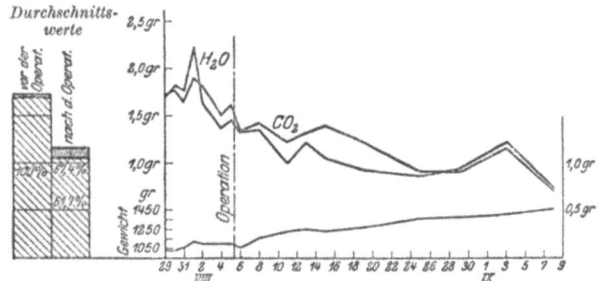

Abb. 16. Kaninchen C. II, thymektomiert und thyreoidektomiert bei 23° C.

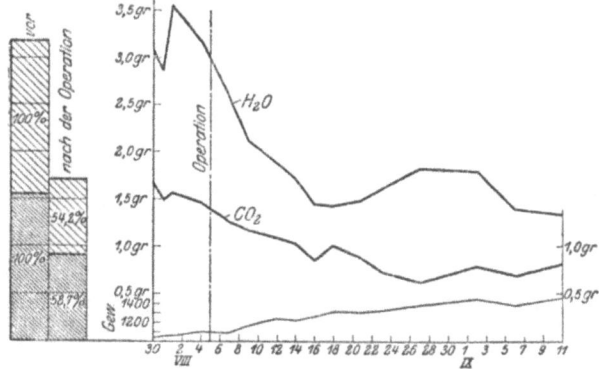

Abb. 17. Kaninchen C. II, thymektomiert und thyreoidektomiert bei 33° C.

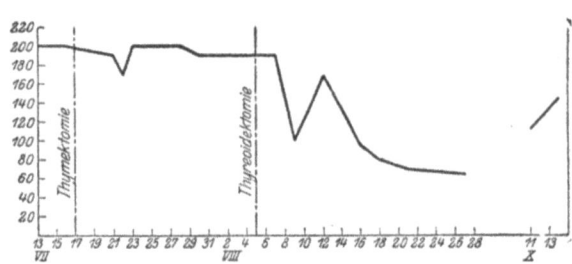

Abb. 18. Respirationsfrequenz. Kaninchen B. IV, thymektomiert und thyreoidektomiert bei 33 ° C.

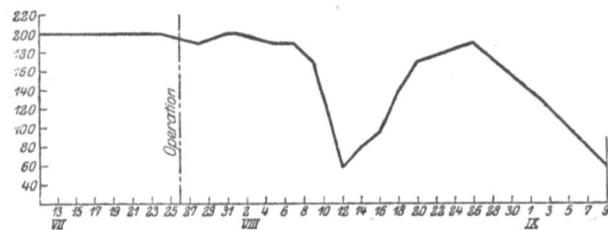

Abb. 19. Respirationsfrequenz. Kaninchen C. I, thymektomiert und thyreoidektomiert bei 33 ° C.

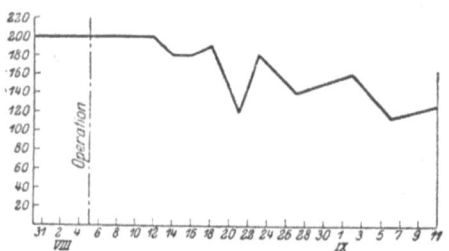

Abb. 20. Respirationsfrequenz. Kaninchen C. II, thymektomiert und thyreoidektomiert bei 33° C.

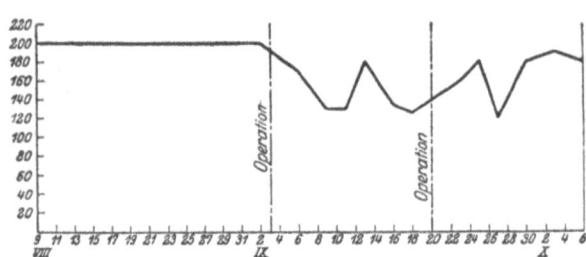

Abb. 21. Respirationsfrequenz. Kaninchen A. II, thyreoidektomiert und thymektomiert bei 33° C.

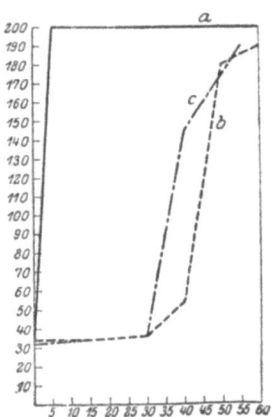

Abb. 22. Veränderung der Respirationsfrequenz im Laufe einer Stunde bei 33° C Außentemperatur. a) Normaltier, b) und c) thymus und thyreoidealos Tier.

MIX
Papier aus verantwortungsvollen Quellen
Paper from responsible sources
FSC® C105338

If you have any concerns about our products,
you can contact us on
ProductSafety@springernature.com

In case Publisher is established outside the EU,
the EU authorized representative is:
**Springer Nature Customer Service Center GmbH
Europaplatz 3, 69115 Heidelberg, Germany**

Printed by Libri Plureos GmbH
in Hamburg, Germany